洗 | 染 | 业 | 培 | 训 | 丛 | 书

服装去渍技术

FUZHUANG QUZI JISHU

吴京淼 等编著

U0229159

化学工业出版社

·北京·

内 容 提 要

　　本书是《洗染业培训丛书》之一。去渍技术是洗染行业的基础性工种之一，属于应知应会的范畴，本书就去渍技能的各方面基础问题进行了比较细致的描述，主要内容包括污垢、去渍技术、油污渍迹的去除、颜色渍迹的去除、去渍实例140则等内容。

　　本书适合洗衣行业从业人员阅读使用。

图书在版编目（CIP）数据

服装去渍技术/吴京淼等编著． 一北京：化学工业
出版社，2020.7（2024.11重印）
（洗染业培训丛书）
ISBN 978-7-122-36777-8

Ⅰ．① 服 …　Ⅱ．① 吴 …　Ⅲ．① 服 装-洗 涤
Ⅳ．①TS973.1

中国版本图书馆CIP数据核字（2020）第077657号

责任编辑：张　彦　　　　　　　　　　文字编辑：于潘芬　陈小滔
责任校对：张雨彤　　　　　　　　　　装帧设计：王晓宇

出版发行：化学工业出版社（北京市东城区青年湖南街13号　邮政编码100011）
印　　装：北京机工印刷厂有限公司
710mm×1000mm　1/16　印张9½　字数137千字　2024 年 11 月北京第1版第6次印刷

购书咨询：010-64518888　　　　　　　售后服务：010-64518899
网　　址：http://www.cip.com.cn
凡购买本书，如有缺损质量问题，本社销售中心负责调换。

定　　价：38.00元

序

　　把洗染说成是一个行业还是近几年的事，客观地说它是一个既古老又新兴的行业。说它古老，是因为大概从人类开始穿衣服起，人们就有了让衣服更加美观洁净的愿望，服务的洗衣自然就应运而生；说它新兴，是因为它是近十几年才真正发展起来的一个行业，而且是一个前途无量的朝阳行业。

　　随着社会的发展，洗衣走向了社会，逐渐形成了一个行业。在我国，20世纪60年代初，洗染行业开始有了小步发展；20世纪90年代，加快了发展速度；近年来突飞猛进，似乎在一夜之间洗染店遍布了大街小巷，大型洗衣厂星罗棋布。O2O及自助衣柜的出现，更使消费者足不出户就可以解决衣物洗涤问题。但在解决了洗衣方便的同时，洗衣投诉量也在逐年上升，其主要原因就是从业人员专业技术水平参差不齐——洗衣企业发展很快，技术培训却不能同步跟进。培训工作就成了当务之急。

　　历史上由于大多数洗衣店规模比较小，业务量也不是很大，因此一般都是师傅带徒弟口传心授。随着洗染行业的不断发展，行业逐渐有了一定的规模，有了专门培训的学校，但是受到当时科技水平的制约以及各方面条件的限制，均与当前的洗染行业所需培训内容不可同日而语。数年来，我们通过各种途径编印了一些资料，但是，不是不规范就是不完整，缺乏系统的培训材料。为了使洗染行业尽快提升整体水平，依据现有的专家优势，我们组织编写了这套《洗染业培训丛书》，为提升行业整体业务水平出点儿力。

　　洗染行业虽然是个小行业，但麻雀虽小，五脏俱全。从范围上分，有客衣和布草两大类。从工种上分，有干洗、水洗、熨烫、织补、染色、皮衣养护、营业员等诸多工种，现在又发展到了皮鞋护理、家庭皮饰、皮具、汽车座椅护理、奢侈品护理等新型工种。从技能上分又有纤维识别、面料识别、去渍技术、设备操作、熨烫、染色、皮革及裘皮护理等专业技术。布草洗涤又分医疗卫生系统、宾馆酒店系统、邮政运输系统等各个方面。每一个工种、每一种技能、每个方面都有很多东西要学，我们请到了相关方面的专家编撰图书，为大家提供服务，也请各位有识之士把自己的真知灼见贡献出来，为行业的发展出谋划策、添砖加瓦。

　　本丛书从建厂开店、洗涤技术、设备操作、各项技能运用、网上洗衣等方面全面地介绍了洗染业从业知识，为欲进入洗染行业和想提升技能的人士提供帮助。

　　本丛书的出版，得到了中国商业联合会洗染专业委员会、北京洗染行业诸位专家的关注与认可，更融入了他们的大量心血，洗染业退役军人俱乐部也从退役转业军人就业的特点方面，给予了悉心的指导。由于内容系统实用，便于学习掌握，特确定为洗染行业指定培训教材。

北京市洗染行业协会

前　言

　　随着国家对第三产业的重视程度不断提升，以及人民生活的客观需求，服务行业所占国民收入的比重也在快速增长。尤其服务行业不仅可以使人民生活更加方便、生活质量得到提高，还是一个使社会充分就业的安置渠道，于国于民都是一件好事。洗染业就是典型的服务行业，历史上绝大多数的洗衣企业规模都比较小，随着家庭劳动社会化进程的加快，洗衣行业也逐渐产业化。20世纪90年代以后，洗染行业的发展更是突飞猛进，洗衣店遍地开花，洗染行业一片繁荣。

　　去渍技术是洗染行业的基础性操作之一，属于应知应会的范畴。本书就去渍技术各方面的基础问题进行了比较细致的介绍，希望对各位读者朋友在实践当中有所帮助。由于环境条件的不同，人员设备的差异，服装材质与款式的不同，出现的问题也不同，书中所述不能面面俱到，但还是希望能为您提供一些参考。

　　本书在编写中，得到了中国商业联合会洗染专业委员会及北京市洗染行业协会专家组多位专家的关注与支持，在此一并表示感谢。感谢各位提供帮助的朋友及所参考书籍作者对本书的支持。由于各方面的限制，书中难免有不妥之处，敬请各位业内人士指教。

吴京淼

目 录

第一章 污垢

一、认识污垢

1.污垢的概念

污垢是什么？什么东西可以叫作污垢？似乎人人都知道，但是又很难使用简单而准确的语言给污垢下一个定义。

举例说明：一件衣服穿着一段时间以后有些脏了，可以说这件衣服有污垢了，需要洗涤干净。言外之意是穿脏了的衣服上面沾染了"污垢"。

宴席间各种珍馐美馔琳琅满目，而中国饮食文化又是那么博大精深。古训曰："食不厌精，脍不厌细"。所以中餐的菜品佳肴个个色、香、味、形俱佳。装在盘中是佳肴美味，食入腹中是享受与营养，然而一旦沾染在衣物上，这些美味佳肴就成了"污垢"。珍馐美味与"污垢"之间仅仅差那么一点点。

每个人身体里无一例外流淌着血液，而且国人对血液极其珍视。但是一旦血液流出体外，谁也不会把它珍藏起来，反而视其为污秽之物，唯恐弃之不及。此时，极其珍贵的血液，身价也一落千丈，变成了"污垢"。

珍贵的东西尚且如此，其它无论什么东西也概莫能外。无论什么物质都会因为沾染了衣物而成为污垢。那么，怎么认识污垢呢？可从如下三个方面来界定衣物上的污垢。

① 任何物质都可能成为污垢，不论是珍贵的、美妙的、肮脏的、废弃的、可知的或不可知的。

② 某种东西之所以在衣物上成为污垢，其原因是这种东西所处的位置不对；当其沾染到衣物上就成为污垢。

③ 在一件洁净的衣物上，除去它自身以外，任何从外界转移的或沾染上的东西都是污垢。

2.污垢的性质

既然任何物质都可以成为污垢，那么污垢的性质就可能具有非常不确定的特性。然而抽样检测表明90%以上的污垢都是偏酸性的，如油脂、脂肪酸、氨基酸、蛋白质、乳酸、果酸、鞣酸等。人体各种分泌物和排泄物的大部分也都是偏酸性的。而一些原来不是酸性的有机物在细菌或霉菌的作用下，也会在腐败变质的过程中变成酸性的，只有少数的污垢是偏碱性的。所以，古今中外，人们所使用的洗涤剂都是偏碱性的，这一点也从旁印证了大多数污垢是偏酸性的。在现代合成洗涤剂出现以前，人们甚至直接使用碱类物质洗涤衣物，也能说明衣物上的污垢是以偏酸性为主的。至今一些欠发达地区的人们也仍然使用矿物碱或植物碱来洗衣服。所以，污垢的基本特性是偏酸性。

3.污垢的复杂性

由于任何物质都可能成为污垢，因此污垢必然具有复杂性，对于污垢的复杂性可以从下列几个方面进行分析。

① 无论何种物质一旦成为污垢，就会被人们摒弃和不屑一顾，只有对污垢进行洗涤或去除的人才会认真面对污垢、研究污垢和重视污垢。

② 由于所有的物质都可能成为污垢，衣物上的污垢就可能包括了各种各样不同的成分。再加上结合方式的不同，以及不同污垢之间的相互作用，因此不同个体衣物上的污垢必然千差万别，甚至使原来比较简单的污垢变得复杂起来。

③ 污垢在形成以后由于受到气候、环境的影响还会与其它物质发生接触或反应，因此也可能在细菌等微生物作用下腐败变质，甚至产生新的、不可知的物质。

所以，污垢是复杂的，沾染在衣物上的污垢具有复杂性。

二、污垢的分类

1.以污垢的来源进行分类

（1）来源于人体的污垢。人体在新陈代谢中不断向外界排出废物，除二氧化碳和水分以外，还有汗水、皮脂、泪水、鼻涕、唾液、口水、痰液、粪便、尿液、身体分泌物等；生病或受伤后，人体还有可能排出血液、淋巴液、脓液、呕吐物等。

人体的排出物和分泌物至少有十余种。人们在穿用服装或使用家居纺织品时，这些排出物与分泌物就会通过排遗、洒落、接触、摩擦等方式转移到衣物上。因此，人体排出物是衣物上的主要污垢，尤其是内衣和家居用品上的主要污垢。图1-1为T恤上的汗垢。

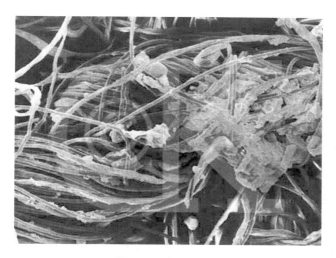

图1-1 T恤上的汗垢

（2）来源于生活环境的污垢。人类生活环境当中存在着大量各种污垢，通过人类生活起居的种种活动，人们也会接触或沾染这些污垢，如大气飘尘、花粉、纤维绒毛、菜肴汤汁、饮料、水果、蔬菜以及文化用品、化妆品、药品等。它们不可避免地会沾染到人们的衣物上，这类污垢主要存在于外衣类的衣物上。

（3）来源于工业化产品的污垢。不同的人群由于生活地区不同、职业不同或从事的特定工作环境不同，从而会沾染一些特定的污垢。其最为主要的特点是：这些污垢都是具有行业特点的工业化产品污垢。如金属油泥、油漆、沥青、树脂、药剂、胶黏剂、化学品等。这类污垢在某些人身上可能经常出现，而对于其他一些人可能永远不会沾染上。

2.以污垢的形态进行分类

（1）干性污垢。残留在衣物上表现为干燥状态的污垢，有的在衣物表面附着，有的可能大部分或部分已经渗透到面料内部。这类污垢多半是由淀粉、糖类、盐类、泥土、纤毛或其它粉末、颗粒类污垢单独或混合形成的。较大量的、颗粒粗糙的这类污垢很容易洗涤干净；细微的、渗透性的这类污垢则不容易使用简单方法彻底洗涤干净。

（2）湿性污垢。刚刚沾染的污垢有许多是湿性的，其表面呈湿润状态，具有比较柔软的手感，个别的还会有黏软的感觉。这类污垢显得特别明显，而且颜色反差大，轮廓界限清晰，在洗衣店能够看到的这类污垢较少。湿性污垢中多半含有油脂、淀粉、糖类、蛋白质、浓缩的水果汁水等，或是某些食品污垢、化妆品污垢等。

（3）硬性污垢。硬性污垢会在衣物的表面形成硬性的污垢斑痕，有明显的轮廓区域。这些污垢在衣物表面上会有一些残留，而大多数是渗入到纺织品内部的。它们多半是由油漆、沥青、蜡质、胶质或树脂、涂料等形成的。

（4）色性污垢。色性污垢是由各种染料、颜料，或动物性、植物性天然色素所致。在衣物上出现的概率非常大。多数是由菜肴汤汁、食品、饮料、化妆品等污渍形成；或是由衣物洗涤不当掉色造成的颜色沾染污渍。这类污垢经过常规洗涤后仍然不能有效去除。往往一旦形成，大多数会成为顽固的污垢，最后从色性污垢变成色性渍迹。

3.以污垢的基本属性进行分类

以污垢的基本属性进行分类是洗衣业最常用的分类方法，从某种角度看，这种分类方法最具有洗染行业的实用意义。根据这一分类方法能够准确选择衣物的正确洗涤方法。

（1）水溶性污垢。确认水溶性污垢可以从两方面考虑：① 可以在水中溶解的污垢；② 在水中可以通过使用洗涤剂洗掉的污垢，如盐类、糖类、淀粉，水果、蔬菜、饮料、化妆品的大部分成分，人体分泌物的大部分成分等。

（2）油性污垢（溶剂型污垢）。① 油脂性污垢，以油脂为代表的各种不能直接溶于水的，而很可能溶于某些有机溶剂的污垢。② 不能溶于水，但能够通过表面活性剂的乳化作用从而在水中能够被洗掉的污垢，如各种动植物油脂、人体皮脂、矿物油、油漆、胶质、树脂；还有食品、菜肴、化妆品、日用品以及部分人体分泌物等。

（3）固体颗粒污垢（不溶性污垢）。不能溶于水也不能在有机溶剂中溶解的颗粒性污垢；以矿物性粉尘、金属细屑、动植物纤毛以及花粉等为主要成分的污垢，如泥土、灰尘、花粉、物体碎屑、纤维绒毛、金属粉末、颜料、涂料等。

三、污垢的形成

1.承接、洒落与堆积的污垢

衣物从环境中承接的飘尘、纤毛，由环境中的不良气体造成的衣物纤维或颜色改变；生活中洒落的食物、饮料、药品等；工作中使用的文具、用具、物料等。

2.通过接触与摩擦沾染的污垢

通过接触、摩擦沾染的一些污垢，如家庭、办公室、车间、公共场合的建筑物、家具用具等造成的沾染；人群中人体之间接触、摩擦等造成的沾染。

3.通过某些介质沾染或吸附的污垢

在衣物使用、洗涤、贮存等过程中通过空气、水、油脂以及有机溶剂等沾染或吸附的一些污垢。

四、污垢的结合方式

1.物理性结合

大多数污垢往往都是通过洒落、接触、摩擦等方式沾染到衣物上使衣物玷污，于是衣物由洁净到肮脏。这是污垢与衣物产生的物理性结合。这类污垢较为容易洗净，也是人们泛指的污垢主体。

2.化学反应性结合

少数污垢属于这种类型。一些酸类、碱类物质以及药剂等在与衣物结合时与纤维、染料或纺织品后整理剂等发生化学性反应，从而生成极其顽固的污渍。这类污垢往往需要使用氧化剂或还原剂等，使污垢变成新的反应生成物，最后才可能通过洗涤脱离衣物。

3.带电粒子型结合

大多数衣物都会带有不同的电荷，环境中同时存在着大量的带电粒子。带电粒子的吸引作用使外界的物质吸附或沾染到衣物上。这类污垢往往是细微的，其中大多数可以忽略不计。而在一些特殊情况下，由此生成的污垢就成为明显的污垢，而且很有可能成为顽固的渍迹。

4.混合型结合

上述污垢的三种结合方式很少是单独存在的，常常是由不同结合方式的污垢互相混合在一起，成为混合型的结合。

五、污垢的成分

常规条件下人们衣物的抽样调查显示，不同衣物沾染的污垢是有明显差别的。除地区、环境、职业等因素以外，主要差别还表现在上衣与裤子、内衣与外衣之间，它们的成分都会有明显的不同。表1-1是一般性衣物的污垢成分。

表1-1　一般性衣物的污垢成分

序号	污垢成分	衣领/%	衬衫/%	裤或裙/%
1	游离脂肪酸	20.4	14.6	30.2
2	轻蜡油	1.0	0.7	2.1
3	角鲨烯	4.2	2.6	10.6
4	胆固醇酯	13.2	10.0	2.3
5	固醇、胆固醇	1.7	2.2	1.5
6	三甘油酯	18.0	18.4	23.3
7	二甘油酯	4.2	4.7	2.3
8	单甘油酯	4.2	4.7	2.8
9	脂肪醇	4.2	4.7	0.9
10	蜡	—	—	20.6
11	含氮化合物	12.0	21.6	—
12	氯化钠	11.6	15.3	—
13	灰分	3.8	3.3	—
14	不明物	—	—	3.4

六、污垢的识别与判断

我们通过上述的介绍可对污垢有一个概括的认识。但是衣物上的污垢多数是沾染后并已经过了一段时间的，已变成了干涸状态。因此在洗涤或去渍之前需要进行识别、判断。这种识别与判断是否准确，直接影响衣物的洗涤效果。有时因为判断失误，从而选择了错误的洗涤方法，致使可以洗涤干净的污垢变成了顽固的污垢。

不论以哪种方法对污垢进行分类，单纯性的污垢是极少的。大多数的污垢都是混合在一起的。因此需要抓住主要污垢成分进行识别、判断，同时还要兼顾污垢中所含有的其它成分，进而得出较为准确的认识。

识别与判断污垢的基本属性可以通过查、看、嗅、摸、析五个具体环节进行。

1.查

检查污垢所处的部位。根据污垢的部位可以推断污垢的种类。如上衣前襟的污垢以食品、饮料和菜肴汤汁为主，裤脚的污垢以灰尘、皮鞋油以及机械油污为主，而衬衫领子则以汗渍和人体皮脂等为主，等等。

2.看

观察污垢残留物的状态、颜色。一些污垢留有明显的残留物，可以根据残留物的状态、颜色判断其种类。如带有同一颜色的硬性污垢很可能是油漆、涂料类；颜色明显比面料深一些的污垢大多数是油脂；干燥的、表面仅有一些颜色而没有残留物的污垢大多是色素类污渍；等等。

3.嗅

嗅污垢的味道。一些污垢在形成很长时间后都还存在着自身的味道。因此可以通过嗅觉进行识别，比如汗渍、人体油污、糖类、一些食品、化妆品等。这种方法有时能够较可靠地确定污垢种类，这些不同的气味经常可以成为确认污垢的辅助手段。

4.摸

"摸"泛指使用触觉判断污垢的方法。干性污垢与硬性污垢表面看起来相差无几，但成分差别很大。如含有淀粉、糖类等的污垢经过指甲刮擦会发白甚至有粉末脱落；胶质、树脂类污垢留有极硬的板结污渍区域；等等。

5.析

通过上述几个不同环节的识别，然后进行对比分析，从而得出较为准确的结论。

科学、准确的污垢识别当然是通过化学分析，其最为可靠。但是作为社会服务业的洗衣店不可能采用如此小题大做的方法。因此，污垢的识别、判断主要靠行业经验的积累，靠观察和分析。

洗前对污垢进行识别、判断相对比较容易和简单。大多数污垢经过洗涤之后再进行识别、判断，困难程度就有所增加了。因此提倡在洗前分类过程中多加观察、分析和判断，如此这般足以减少差错而事半功倍。

七、顽固的污垢——渍迹

衣物经过常规洗涤能够去除绝大部分污垢，再经过熨烫整理后就可以穿用了。可是还会有一些衣物在洗涤后，仍然残留着一些比较顽固的污渍不能彻底去除。这些残存的顽固污渍非常影响衣物的穿用，甚至仅仅因为很小的一点污渍而无法穿在身上。这类顽固的污渍一般表现为斑点状或是条状，有时也以较大范围的片状出现。这类顽固的污渍可能仅仅是一些颜色的痕迹，个别的也会有一些残留物。但是总的来讲，尽管这些污渍有的并不特别严重，然而明显的残留却让穿衣人无法忍受。这类虽然经过洗涤但是仍然残留在衣物上面的顽固污渍称为"渍迹"。将在后面专门讲述去除这些渍迹的相关知识。

通过对大量的各种渍迹进行分析，可以发现它们是有规律可循的。可以通过观察、分析、判断进而找到解决之道。

1.渍迹的类型

从去除渍迹的角度出发，以渍迹的具体成分组成及其物理化学属性为依据，把渍迹分成五种类型。

（1）载体型渍迹。这是一种极其常见的复合渍迹，它是由本身不太复杂的污渍和带有油性或胶性的载体共同组成。如圆珠笔油、指甲油、唇膏、复写蜡纸、油漆、502胶等。这种渍迹有比较明显的颜色显现，有的还会有发硬或发黏的残留物。去除这种渍迹时首先考虑将其载体溶解或分解，同时还要考虑转移、吸附、排除被溶解或被分解下来的载体，然后再针对其余部分的污垢进行处理。有一些渍迹在载体溶解或分解过程中就已经被去掉。所以，溶解或分解载体是去除这种渍迹的关键。

（2）金属盐型渍迹。这是一种相对简单的渍迹，它是由不同的金属离子形成的，主要是重金属离子的盐类渍迹。如铁、铜、铬、锰、银等。它们可以表现为片状、条状或斑点状，颜色多样。其中最为常见的是黄色和棕黄色，容易被认为是颜色渍迹。人们往往会以为可以采取漂色的方法去除，而实际结果却是无功而返。这种渍迹包括铁锈、铜锈、烟囱水、高锰酸钾、红汞药水、定影药水以及某些药剂和血污的残迹等等。这种渍迹一般不含油性或胶性物质，渍迹本身大多数没有任何残留物，也不会有发硬或发黏的感觉。利用氧化剂或还原剂并不能使其分解去除。这种渍迹最恰当的去除方法是利用能够分解金属离子的去渍剂，将其分解为能够溶于水的反应生成物。

（3）天然色素型渍迹。这种渍迹最为常见，种类也最多，一般是以黄色、黄褐色、灰黄色为主。多数为斑点状，少数为条状，大片状的比较少见。这种渍迹多半是菜肴汤汁、水果汁、蔬菜汁、青草汁、茶水、咖啡、可乐、啤酒、红酒以及人体分泌物等等。它们多数是混有油脂，或是混有糖类、淀粉、蛋白质的复合型渍迹。这种污垢在常规洗涤中已经去掉了大部分，残留的渍迹仅仅是一小部分。其给人的第一印象是一些颜色，很少有黏性或干性的残留物。由于是天然色素，因此其与纺织品染料的渍迹有很大的差别。根据衣物本身的具体情况，有的可以采取强碱性洗涤剂、较高温度处理或使用含氧去渍剂处理（白色衣物可以根据纤维成分选择使用漂白剂处理）；有的则需要使用去除鞣质、蛋白质等的专业去渍剂处理。但是不宜使用较强的机械力（如硬毛刷子、去渍刮板等）进行处理。

（4）合成染料型渍迹。这是由掉色衣物的染料所沾染的渍迹。由于掉色染料沾染时的情况不同，形成的颜色渍迹不同，其严重程度也不同，从而去渍处理的方法也不同。由合成染料沾染而形成的渍迹可以分成三种具体类型。

① 串色。这是一种比较均匀的颜色沾染。被沾染衣物的整体颜色都可能发生改变，甚至好像是被认真地染了某种颜色。如：白衬衫变成了粉色衬衫，淡黄色T恤变成了果绿色的，等等。这种情况是由掉色衣物和被污染衣物共同洗涤造成的。因此被沾染的衣物往往不会只有一件，与掉色衣物共同洗涤的其它衣物都会出现同样的沾染。所以，其被称为"共浴串染"，所形成的渍迹叫作"串色"。

发生"串色"情况是由于未能分色洗涤，因此出现的可能性较小。而"串色"也是颜色沾染渍迹中较为容易处理的，一般采用控制性漂色方法（选择适合的氧化剂或还原剂即可）就可以轻松地去掉。

② 搭色。在不同的情况下，由于被污染的衣物接触了掉色衣物而沾染了颜色。沾染是局部的，颜色渍迹具有明显的轮廓界限，其它未沾染的部分能够完全保持原有的色泽。之所以造成这种沾染是因为在有水的情况下，不同颜色的衣物在一起堆放、搁置、浸泡或脱水。总之，一定有过在有水的情况下相互接触的过程。而当洗涤剂浓度较高的时候，或是温度较高的时候，以及接触时间较长的时候最容易产生这种沾染。由于这种渍迹一定是通过与掉色的衣物相接触沾染的，所以是"接触沾染"。在进行纺织品染色牢度试验中称为"沾色"，洗染行业习惯上叫作"搭色"。

"搭色"的处理方法较为复杂。由于去除搭色的同时还要保护原有面料的色泽，所以在选择去除手段时受到了很多的限制。这类搭色的处理可以有两种不同的方案：一种是采用剥色方法处理，就是使用中性洗涤剂进行剥色，利用颜色污渍与面料的结合牢度不如原有面料染色牢度高的特点进行处理，在保护原有面料色泽的前提下剥除色迹；另一种方法是控制性地利用氧化剂或还原剂进行漂色。

③ 洇色。当衣物的面料、里料是由不同颜色织物拼接或组成，或是在衣物上装有颜色不同的附件时，在洗涤过程中由于其中某个部分掉色，从而造成污染，形成颜色渍迹。这种渍迹大都出现在不同颜色面料的拼接接缝处或附件缝合、安装处，而且在同一件衣物上这种颜色渍迹会带有普遍性，会出现相同的沾染。一些印花面料或是染色牢度较低的色织面料，在洗涤过程中有时也会出现颜色的渗出和洇染，形成颜色渍迹。由于这种类型的颜色渍迹出现在不同颜色的分界处，并形成相同类型的"界面洇染"，所以叫作"洇色"。

"洇色"是颜色渍迹中最难处理的。由于不同颜色的面料或附件紧紧相连，处理时极难控制。最简单的方法就是将衣物不同颜色部分拆开，把颜色渍迹去掉之后再缝合起来。但是由于一些衣物不能拆解，或是拆开后无法恢复，从而使渍迹成为不可修复的"绝症"。

造成"洇色"的主要原因是对洗涤条件（洗涤剂浓度、时间、温度等）控制不到位。而处理洇色又比较难，所以防止洇色要比处理洇色更为重要。

（5）颜料型渍迹。由不能溶解在水里或溶剂里的细微固体颗粒状污渍形成的渍迹。如各种涂料、广告颜料、飘尘、煤粉灰、书画墨汁、机械油泥等。这类渍迹去除的难易程度主要看颗粒的大小，颗粒越大越容易去除，反之则难以去除。一般来讲，沾染在衣物上的这类污垢的颗粒度有两个界限：颗粒度大于100微米以上的灰尘类污垢极其容易去掉，仅仅使用拍打和抖动就足以使其脱落；而颗粒小的大致以5微米为界限，大于5微米的大多数污垢可以在水洗或干洗中比较容易洗掉，而且不至于形成渍迹；而那些小于5微米的特别细微的颗粒污渍，有可能嵌在纤维之间甚至进入纤维的孔隙中，从而成为很顽固的渍迹。这类渍迹非常难去除，如机械油泥、书画墨汁书写的字迹、经过碾压、踩踏的织物等。

2.渍迹的识别与分析

由于渍迹是常规洗涤以后残留的顽固污垢，多数渍迹在用手去触摸时，不会感到有更多的残留物，只有少数渍迹可能留下可以触摸到的残留物。不同的残留物，其表现也各不相同，需要注意区别。它们可以有以下五种形态。

（1）色性渍迹。它们在衣物上只是一些与底色不同的颜色，用手触摸渍迹部分时，与周围面料没有什么区别，几乎没有任何其它与之共存的残留物。从表面看，只有深浅不同的黄色、棕色或灰色甚至是红色、蓝色、绿色的各种残余色迹。如各种由搭色、串色或洇色造成的颜色渍迹；铁锈、铜锈类金属盐型渍迹；人体蛋白质、植物色素和鞣质；以及各种动植物油污等。此外，在洗涤或去渍过程中产生的一些损伤也会表现为不同的颜色。不论是经过干洗还是水洗以后的衣物，多数都带有这类色性渍迹，占渍迹中的大多数。

（2）干性渍迹。形成这类渍迹的污垢在洗涤之前进行分类时就能被发现，有时在干洗后也能够立即被发现。这类渍迹表面有一层薄薄的残留物，用指甲刮擦的时候，其颜色就会变浅，甚至出现白色粉末类物质。这多数是由糖类、盐分、淀粉、蛋白质、米粥汤、面汤、呕吐物等构成的。在常规洗涤过程中可以把这类污垢表面的污垢去掉，但是不容易把渗透在面料内部的部分彻底洗净。往往在洗涤之后仍然会有少量残存在纱线间，个别的可以渗入到纤维之间甚至纤维内部，形成干性渍迹。这类渍迹除少数的以外，大多数只需反复使用清水处理即可去除。也可以使用去渍刷蘸清水刷拭，也可以在去渍台上使用清水及冷风交替喷除。严重的则需要使用温度较高的清水去除。需要注意的是，去除过程中不可操之过急，要留给渍迹被水分润湿、浸软、溶解和离析的时间。

（3）黏性渍迹。在渍迹范围之内有较为明显的残留物，但是用手触摸时面料表面仍然是柔软的，渍迹本身也有黏软的感觉。这是一些如蜜汁、果酱、奶糖、浓稠的水果汁以及涂料、胶水、树脂类的物质等等。由于黏性渍迹的成分差别较大，它有可能是食物类的渍迹，也有可能是一些化工产品。因此去除前最好对渍迹进行相关的分析或试验，有利于较为准确的判断，便于选择去渍剂。

（4）硬性渍迹。总体讲，沾有这类渍迹的衣物是少数，表面会有明显的残留物。渍迹范围之内手感明显发硬，甚至形成完全板结而坚硬的区域。有的可能呈半透明状，颜色可能比周围还要深一些。经过水洗或干洗后，这类渍迹几乎没有什么明显的变化。如清漆、油漆、石蜡、沥青、指甲油、502胶、玻璃胶、内外墙涂料、干涸的树脂等等。去除这类渍迹时，大多数需要使用相应的有机溶剂，选择正确的溶剂是最重要的。而且使用前一定要考虑面料对于溶剂的承受能力，避免伤及面料。不能取得准确判断结果时必须在衣物的背角处进行试验。

（5）假性渍迹。这是一些从表面观察非常像色性渍迹的"污渍"，有时比面料底色的颜色深一些，有时也会比面料底色浅一些，没有任何残留物。假性渍迹的表现形式是多种多样的，有的仅仅是小斑点，有的甚至可以遍布衣物。由于实际上并非留有污渍，所以严格地讲其不能称为渍迹。但是大多数消费者或是洗衣企业员工都会认为此处没有彻底洗净还有残存污渍。因此将其称为"假性渍迹"。在显微镜或倍数较高的放大镜下，可以清楚地看到面料表面受到了一些损伤。有的是纯毛面料发生了局部缩绒；有的面料由于受到摩擦，纱线出现毛羽，表面形成细密的绒毛，实际上是发生了浅表性的磨伤；还有的则是纱线开捻，甚至是面料表面的染料脱落；等等。由于上述种种受了损伤的部位对光线反射不同，从而造成了存在渍迹的假象。假性渍迹不能使用任何去渍剂处理，只能采取针对性的修复措施进行修复。如浅表性磨伤可以使用润色恢复剂进行修复处理，使之恢复原状。而这类假性渍迹中无法修复的比例也是比较高的。

第二章 去渍技术

一、话说去渍技术

衣物上的渍迹仅靠一般的干洗或水洗是不可能洗涤干净的。因此要采用专门手段进行有针对性的去除，也就是需要进行"去渍处理"。由于渍迹的种类不同、成分不同、沾染情况不同，因此特性也各不相同。而不同渍迹表现出的状态也会多种多样。由于面料不同，渍迹与其结合的情况也会不同。所以，渍迹去除就成为比较复杂和艰难的工作，因此洗衣店的技术骨干多数是去渍高手。

去渍过程的第一步就是识别它们，进而研究与分析这些渍迹分属于什么种类和所含成分。分析和判断之后，正确地选择专门的、有针对性的去渍剂，或是选用相关的化学药剂进行去除。于是，世界上就产生了专门研究、开发、生产专业去渍剂的企业。在洗衣业中也就有了专门的去渍技术。

在本章中，就去渍技术的主要方面进行相关的探讨，同时介绍一些去除各种渍迹的实例与操作方法。

二、去渍的基本规则

衣物上的单纯性污垢很少，多数是复合型污垢。通常会含有各种不同类型的色素和油脂，在这种情况下，最好是先进行去渍然后洗涤，尤其是颜色比较浅一些的衣物，在准备进行干洗前，最好先行去渍。一些衣物还可以先进行水洗然后进行去渍或干洗。最不可取的就是先行干洗然后才进行水洗或去渍，这样必然事倍功半，并给去渍带来不必要的麻烦。有的时候很可能因此而使某一块渍迹最终不能彻底清除，成为"绝症"。在什么情况下去渍，在什么样的时机去渍是有一些讲究的。

1.去渍的模式

（1）洗前去渍。如前所述，经过常规洗涤之后仍然不能去除的顽固污渍叫作"渍迹"，同样的某种污垢由于去渍时机不同往往结果不同。因为在洗前很容易发现重点污渍，而且可以根据污渍外观形态进行分析判断，确定其种类。经验丰富的技术人员能够根据污垢的原始状态得出较为准确的结论，选用合适的去渍剂先行去渍。不论是采用干洗还是水洗，这种去渍模式适用于大多数情况。尤其准备干洗的浅色衣物，必须先进行去渍再干洗。否则经过干洗的脱脂作用和较高温度的烘干，原本比较容易去除的一些渍迹（如蛋白质类、糖类、胶原类污渍等）也就成为最顽固的渍迹了。

（2）洗后去渍。常采用洗后去渍的有两种情况，一种是衣物水洗以后可能留有一些油性污垢不能彻底洗净，需要针对油污的残留物去渍；另一种是深色衣物在干洗以后，多数会残留一些水溶性污渍，需要进行去渍处理。不属于这两种情况的，如果洗涤之后再行去渍，往往效果不会太好。

（3）洗中去渍。在洗涤过程中去渍，这种方法仅仅限于手工水洗时使用。一些比较娇柔的衣物，不能承受机洗的外力作用，也不宜进行干洗，因此选用手工水洗处理。由于各种新型面料不断在市场上出现，要求手工水洗的衣物逐渐增多。在进行手工洗涤时随时注意衣物上的污渍情况，如油斑、色迹等，就可以选用适合的去渍剂同时进行去渍，简便快捷，省时省力。虽然这种方法使用的机会不是太多，但是简捷有效。然而由于在水中不容易辨认污渍，所以只有有经验的人才可能得心应手地使用这种方法。

（4）整体处理。由于面料、污渍的不同，去渍方式和去渍剂选择就会不同。这其中最容易发生的就是对面料本身的影响。因此，为了尽可能减少对面料、纤维、颜色等方面的影响，有条件整体处理的，能够采用整体处理是比较好的选择。

（5）局部处理。由于面料、衣物结构、污渍等因素的影响，不能够采用整体处理，则使用去渍剂和去渍台就是较好的选择。但是采用局部处理时，不要伤及面料以及底色。

2.去渍的程序

判断渍迹、选择去渍剂、决定去渍时机之后就是如何去渍了。这是确保去渍效果和去渍效率的关键，这就是去渍的程序。

（1）先水后药。无论什么样的污垢，都需要先经过水的处理之后再进行下一步操作。一方面是为了避免去渍药剂的交叉作用，另一方面许多用水就可去除的渍迹也可以最先脱离衣物表面。

（2）先弱后强。由于在一开始时，很难准确确定大多数渍迹的成分。所以，在去渍过程中使用药剂或工具时，都要遵循先使用比较柔和的手段，然后渐次使用强劲手段的原则。在去渍台上也不能贸然使用蒸汽，温度的控制也要本着由低而高的原则。不管是机械力、药剂烈度、药剂浓度还是所用温度，都要遵循这个原则。

（3）先碱后酸。选用去渍剂时，酸性去渍剂应该放在最后使用。因为多数污垢会在酸的作用下与衣物结合得更加牢固，使去渍过程变得复杂。如果对于渍迹判断准确，当然可以立即使用某种去渍剂解决问题。如果不能准确确定渍迹种类和选择最适宜的去渍剂时，这个原则就显得十分必要了。

（4）先试后除。一般情况下，从表面看不容易立即确定渍迹的成分，也不容易立即确定选择哪种去渍剂，为了不走弯路和发生差错，应在背角处先试验一下

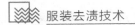

面料的承受能力，使去渍更准确、更从容。还可以避免因去渍剂选用不当对衣物造成的损伤。

3.去渍后处理

洗衣中的去渍工作技术性很强，涉及的去渍剂和药剂也比较多。因此去渍后衣物上都可能残存一些药剂，这些残存药剂如果留在衣物上还会不断对衣物产生作用。因此去渍后必须进行相应的清除处理，需要把所有的残留物彻底去除干净。因为去渍后衣物要进行熨烫，这时如果衣物上仍然残存一些去渍剂，熨烫时就会发生严重的化学性损伤，而这类化学性损伤往往是毁灭性的、无法修复的。

因此，去渍后处理非常重要。其基本原则只有一个：彻底清除去渍剂。甚至去渍后还要重新进行洗涤，以保证衣物上没有任何残留物。

三、去渍剂及其使用

广义上的去渍剂可以分成两大类，即专业去渍剂和可用于去渍的各种化学药剂。下面分别进行介绍。

1.专业去渍剂

专业去渍剂大多数都以系列套装形式出现，一般多以3～10支为一组，现将市场常见的去渍剂予以介绍。

（1）FORNET系列洗涤、去渍剂。

FORNET中性洗涤剂：用于洗涤各种羊毛、真丝以及娇柔的衣物；并且可以有效去除由搭色和串色造成的颜色污染，同时还能保护衣物原有色泽。

FORNET毛织物柔软剂：用于各种毛纺织品水洗之后的柔软整理。

FORNET润色恢复剂：用于为洗涤后的绒面皮革、磨砂皮革衣物恢复原有颜色；也可以用于去除各种真丝、纯棉深色衣物洗涤之后形成的白色霜雾状浅表性损伤。

FORNET拉链润滑剂：用于解决衣物上各种拉链在经过干洗以后发生的滞涩。

FORNET抗静电剂：用于消除衣物干洗以后所产生的静电。

FORNET去油剂：这是类似克施勒Krcusslcr·C、威尔逊油性去渍剂（TarGo）、德国西施SEITZ·Lacol（紫色）或SEITZ·V1的去渍剂，是性能好而价格较低的去油剂。它特别适用于在水洗前进行各种油污类的污渍去除。甚至只要滴在污渍处无须进行手工处理即可有效去除带有油脂的污垢。

FORNET去锈剂：用于去除金属离子型的污渍，如铁锈、铜锈、定影药水、银渍、残余血渍、高锰酸钾渍迹等。

FORNET去滞剂：用于浅色衣物干洗前对下摆、袖口等处的黑色滞渍预处理，使衣物干洗后无黑色残留。

（2）德国克施勒Krcusslcr去渍剂。

Krcusslcr去渍剂共有三支，分别如下：

Krcusslcr·A用于去除丹宁、咖啡、茶水、草汁等；

Krcusslcr·B用于去除蛋白质、奶制品、血渍、汗渍等；

Krcusslcr·C用于去除油脂、油漆、化妆品等。

这组去渍剂性质柔和，有益于对衣物的保护，具有较好的安全性。对于初学去渍的员工相对要安全得多。使用时要注意给去渍剂留有充分反应时间，不可操之过急。不能滴入去渍剂后马上使用喷枪打掉。

（3）德国西施SEITZ去渍剂。

SEITZ·Blutol（红色）去渍剂：去除蛋白质、牛奶、血液、巧克力、汗渍等。

SEITZ·Purasol（绿色）去渍剂：干性溶剂型去渍剂，可去除油脂、油漆、指甲油、涂料、树脂等。

SEITZ·Quickol（蓝色）去渍剂：去除化妆品、红墨水、彩色笔、药剂、鞋油等。

SEITZ·Frankosol（黄色）去渍剂：去除青草、霉斑、油烟、锈垢、啤酒等。

SEITZ·Lacol（紫色）去渍剂：去除各种油脂、圆珠笔、复写纸、彩色笔、油烟、油脂润滑剂等。

SEITZ·Cavesol（橙色）去渍剂：去除茶叶、可乐、咖啡、芥末、水果等。

SEITZ·Colorsol（棕色）去渍剂：去除各种油脂性污渍、残余色迹、涂料、树脂等。

德国西施去渍剂共计7色，瓶装，较美国威尔逊Go系列去渍剂要温和一些，而且可以在这7支之间互相套用。但是，仍然有可能发生去渍事故。没有把握的衣物也要进行试验后再进行去渍。

（4）美国威尔逊公司Go系列去渍剂。

TarGo（油性去渍剂）：去除各种油脂、油漆、沥青、指甲油、圆珠笔等。

QwikGo（蛋白质去渍剂）：去除蛋白质、肉汁、汗渍等。

BonGo（丹宁去渍剂）：去除鞣质、丹宁、茶水、咖啡等。

YellowGo（串染去渍剂）：用于色迹的漂除。

RustGo（去锈剂）：用于去除铁锈、铜斑、银迹、定影药水等。

DroGo（白色复原剂）：用于水洗布草后脱灰，提高白度。

Go系列去渍剂具有效力明显、反应迅速等优点。但是，正因为如此，其副作用也特别显著。对于衣物面料和污渍识别不够准确时，常常会适得其反，造成去渍事故。因此在没有把握的情况下，其使用不当发生事故的机会也会比较多，要特别注意。

还有一些，在这里就不一一介绍了。

2.化学药剂

除各种专业去渍剂之外，还可以选用某种单一的化学药剂，去除一些已经辨明的渍迹。它们可以按其化学基本属性分成如下5类。

① 酸剂：如醋酸、草酸、柠檬酸等。

② 碱剂：如纯碱、氨水等。

③ 氧化剂：含氯漂白剂（次氯酸钙、次氯酸钠、氯漂粉等）、过氧化物氧化剂（过氧化氢、高锰酸钾、彩漂粉等）。

④ 还原剂：保险粉、海波、亚硫酸氢钠等。

⑤ 有机溶剂：乙醇（酒精）、丙三醇（甘油）、松节油、溶剂汽油、香蕉水

（硝基漆稀释剂）、丙酮、四氯化碳等。

　　单一的化学药剂具有性能稳定、价格低廉、使用范围广泛等优点。但是对于使用者的要求较高，必须熟知所使用药剂的全部性能和全方位的使用要求。在去渍时需要有相当大的把握，否则发生事故的概率也就非常大。

　　可以选用的各种化学药剂范围更广。但是由于每一种化学药剂都有自己的属性，使用范围和使用方法也各不相同。因此，需要专门详细阐述服装与衣物洗涤方面的化学知识和化料药剂知识。

3.去渍剂的属性

　　由于去渍剂的组成成分不同，洗衣业的业界人士依照去渍剂的属性把它们分成干性去渍剂和湿性去渍剂两大类。而湿性去渍剂又可以分成碱性去渍剂、中性去渍剂和酸性去渍剂。

　　（1）干性去渍剂。干性去渍剂的"干性"犹如干洗的概念，是指该去渍剂中不含有水，也不能和水兼容使用。如干洗溶剂、各种有机溶剂（汽油、煤油、松节油、四氯乙烯、四氯化碳、香蕉水、丙酮等）。在一些专业去渍剂中也会有一些干性去渍剂，主要由多种有机溶剂复配组成，如SEITZ·Purasol（绿色）去渍剂和SEITZ·Quickol（蓝色）去渍剂。

　　干性去渍剂主要用于去除油脂类、油漆、沥青、指甲油、树脂等渍迹，完全靠渍迹溶解予以去除。干性去渍剂一般挥发性较强，而且在使用和保存过程中要注意防火。使用后应该密封瓶盖，妥善保存。

　　（2）湿性去渍剂。湿性去渍剂大都是水溶性的药剂，或是与水兼容的去渍剂。特别是以去除油性渍迹为主的一些湿性去渍剂广泛受到人们欢迎，如FORNET去油剂、SEITZ·Lacol（紫色）去渍剂、SEITZ·Colorsol（棕色）去渍剂、TarGo（油性去渍剂）。

　　此外，用于去除淀粉、糖类、蛋白质、鞣酸、天然色素、金属离子等的去渍剂也都是湿性去渍剂。

　　根据去渍的实际需要，湿性去渍剂可能呈现弱碱性、中性或是酸性。

　　化学药剂和表面活性剂作为去渍剂时，它们也都属于湿性去渍剂。根据它们的基本属性也可以分成酸性去渍剂、中性去渍剂和碱性去渍剂。其中由于去渍使用频率最高的是氧化剂和还原剂，在后面的部分分别予以详述。

4.使用去渍剂需要注意的问题

不论是使用专业去渍剂还是使用化学药剂进行去渍，都需要有效地予以控制。因为任何去渍剂都会有某些方面的副作用。就如同人们服用药物治疗疾病一样，越是具有特效的药物，副作用可能就越大。所以，去渍剂的选择和使用都要在如下几个方面予以注意。

（1）去渍范围。所有的去渍剂都有其能力所及的去渍范围，不存在可以解决所有问题的万能去渍剂。专业去渍剂在设计的时候会考虑一些兼容性，但是仅限于同一属性的渍迹。比如，用于去除色迹的去渍剂主要用于去除染料或天然色素类的渍迹，铁锈或是书画墨汁从表面看也是颜色污渍，然而却不在去除色渍的去渍剂有效范围之内。

（2）适用对象。任何渍迹都是与面料相结合的。所以，去渍剂对于不同面料的作用是必须时刻牢记的。某个去渍剂对于某种面料会有哪些副作用必须掌握，没有把握的一定要进行试验。否则，去渍刚刚开始衣物就受到了损伤。比如氯漂剂不能用于丝、毛类纺织品；保险粉一般不能给有颜色的衣物使用；又如含有某些有机溶剂的去渍剂不适合在含有醋酸纤维的面料上使用；等等。

（3）使用条件。相当多的去渍剂是非常有效的，但是一定要符合其使用条件。使用条件是各种因素的综合组合，要全面考虑。比如，使用彩漂粉或过氧化氢可以漂除天然色素类污垢，甚至可以在有颜色的衣物上面使用。但是使用条件是：要控制一定浓度和在较高温度的水中处理。这与面料纤维的构成、面料的颜色以及衣物的结构有着非常密切的关系，能否承受较高的温度或下水后衣物是否会抽缩就成了很重要的判断是否使用条件。

（4）温度控制。去渍剂在不同温度条件下的作用强度是有明显差别的，尤其是各种化学药剂，温度的变化可使药剂的能量作用相差数倍乃至数十倍、上百倍。所以，必须根据温度要求使用，不能随意改变使用温度。

（5）浓度控制。效力明显的去渍剂是最受欢迎的，但越是有效的去渍剂其副作用往往就越大。不同药剂所要求的使用浓度相差很大，所以，使用什么样的浓度就显得更为重要。对于不同纤维织造的面料，其药剂承受能力也会不同。所以，控制药剂的使用浓度也是必须认真考虑的因素。

（6）时间控制。去渍剂和各种去渍药剂的反应时间不尽相同，有的立竿见影，如去除铁锈的专用去渍剂，滴上药剂立即就可以看到效果；有的反应过程则需较长的时间，如利用SEITZ·Colorsol（棕色）去渍剂去除颜色类渍迹时，就必须耐心等待相当长的时间才能有结果。一些还原剂和氧化剂往往要在使用中观察去渍效果，而且要及时终止处理，否则前功尽弃。因此，时间因素也是要严格控制的条件。

（7）善后处理。无论使用了何种去渍剂或药剂，无论去渍结果如何，都要将残留在衣物上的药剂彻底清洗干净，才能够认为去渍工作结束。如果有相当多的去渍剂或药剂留置在衣物上，经过一定时间，大多会造成严重的损伤，千万不可大意。

四、影响去渍效果的因素

1.纤维组成

不同成分的纤维与相同污渍结合，其牢固程度会有很大差别，对于去渍强度的承受力也会不同。而同一纤维成分的面料对于不同污渍也会有不同的反应。如化学纤维对于去渍强度的承受力较大，但是与油性污渍的结合牢度也比较高。又如天然纤维容易发生颜色沾染，但与合成纤维面料相比其渍迹比较容易去除。

2.纱线构成

纱线的捻度大小、纱线的不同类型都会使污垢的结合牢度不同，也使去渍剂发挥能量作用出现差异。一般规律是：纱线捻度高，污渍的结合牢度就较高，去渍难度也较高。反之纱线疏松的面料，污垢结合牢度则较低，就比较容易去除。

3.织物组织

织物组织的疏密程度对于去渍效果也有非常大的影响，其规律性和纱线捻度相类同。也就是疏松性织物组织比较容易去渍，而紧密性织物组织则不容易去渍。

4.纺织品后整理状况

在纱线捻度和织物组织的基础上，纺织品还会有不同的后整理，如树脂整理，固色整理，阻燃整理，防皱、防缩整理等。这些不同的纺织品后整理也会改变污垢的属性以及与面料结合的情况，从而造成去渍过程的不同适应性。一般而言，经过后整理的纺织品多数去渍难度会增加。

5.着色方式

纺织品的着色途径可以有六种各不相同的方式［① 原液染色，② 散纤维染色，③ 毛条染色，④ 染纱后织布，⑤ 坯布染色和⑥ 坯布印花］，其中除前三种着色方式比较简单以外，后面的三种着色方式都有许多具体的方法。它们都会影响纺织品的染色牢度和污渍结合牢度，或是影响面料的去渍承受能力。从染色牢度看，印花和色织面料的色牢度要比坯布染色面料的色牢度高。而印花面料的品种繁杂，容易受到某些去渍剂和有机溶剂的影响。

6.染料品种

不同染料的染色牢度各不相同，因此去渍承受能力也不同，从而可以选择的去渍方式也就不同。一般来说，染色牢度较高的面料承受能力较高，反之则较差。如丝绸面料多使用直接染料、碱性染料染色，去渍承受能力必然较差。而使用还原染料染色的一些纯棉面料和大多数合成纤维面料由于染色牢度较高，去渍承受能力就很高。

7.染料密度

染料密度表示面料上染料含量的高低。面料的颜色有深有浅，但是颜色的深浅并不代表面料上染料总量的多少。那些颜色浓重的面料往往染料密度高。因此这类面料最容易发生去渍掉色。

8.污垢成分

污垢成分多种多样，不同成分与面料结合牢度不同。尤其是含有蛋白质、鞣酸、染料沾染等的渍迹，结合牢度较高。而汗水、尘土和一般性油污的结合牢度则较低。

9.污垢结合方式

洒落的污垢、接触及摩擦沾染的污垢大多是物理性结合，而金属离子污垢大多是化学性结合。因此去渍的方式、方法就要有针对性。

10.沾染后处理

衣物沾染了污垢以后，如果能够立即进行应急处理，去渍工作就会非常容易。最简单的应急处理是使用清水临时性洗涤一下，甚至仅仅使用清水擦拭一下，都会有较好的效果。如果沾染了污垢后不去管它，存放较长时间以后其就会成为顽固的污垢。

11.污渍判断与去渍手段选择

污渍判断不准确，去渍剂的选择就会不正确，后果自然可想而知。因此，如果不能准确判断污渍的属性，就要在背角处做试验，以求较为准确的结果，不应该盲目下手。只要判断准确，并能选择适合的去渍剂和去渍方法就意味着成功了一半。

12.后期处理

去渍的后处理十分重要，其实并无复杂之处。只要把所使用的药剂彻底清洗干净就可以了。但是这个清洗环节十分重要，往往稍微疏忽就可能前功尽弃。有时通过含有冰醋酸的水进行清洗会更加保险一些。

五、去渍设备和工具

1.去渍设备

去渍台（图2-1）是洗衣企业的专用设备，是具有一定规模的洗衣企业必备的技术设施。这是一种配备了各种条件和工具的工作台，统称去渍台。目前的去渍台有两种类型：一种是常见的去渍台，备有负压抽湿工作台、蒸汽喷枪、清水喷枪、高压冷风喷枪，有的还配有皂液喷枪或去渍剂喷枪；另一种是超声波去渍台，配有超声波发生器和去渍枪、负压抽湿工作台以及一些辅助工具等。

图2-1　去渍台

多数洗衣企业配备的去渍台是第一种，这是大多数规范的洗衣店都会配备的设施，这种去渍台曾在一些时候被称为万能去渍台。去渍台配备的负压抽湿工作台可以把去除下来的各种污渍吸走，也可以把衣物局部的水分或药剂抽干。为了保持清洁的工作环境，档次较高的去渍台配备有吸附罐。在去渍台上还配有两支喷枪，一支为高压空气/清水喷枪组合，另一支为高压空气/蒸汽喷枪组合。去渍台还配备相应的灯光照明和摆放去渍药剂的空间。

使用去渍台进行去渍远比单纯手工处理衣物要方便、快捷。去渍台的喷枪组合是对衣物上的渍迹进行柔性机械处理的工具，同时也是对衣物进行局部水洗或局部干燥的设施，经过处理的衣物可以立即看到处理效果。使用去渍台的关键是喷枪的使用。在去渍台上配备的喷枪实际上有三种喷出物，即压缩空气、清水和蒸汽。这三种喷出物都是以一定压力从喷口喷出，所以，正确使用喷枪就成为关键。

影响喷枪工作的因素有四个。

（1）喷枪口和衣物的距离。其直接决定喷枪的力量，除极其细密、坚牢的面料以外，都不宜极近距离地使用喷枪。较为安全的距离为10～15厘米。一些结构疏松的面料还应该适当加大距离。

（2）喷枪口与衣物的角度。其包括喷口与面料的角度和喷口与纺织品纹路的角度。一般情况下，喷口方向与面料成垂直状态。必要时也可以适当偏转成75度左右。喷枪气流或水流的方向会影响面料织物结构。为了保护衣物在去渍时不致出现损伤要给予足够的注意。对于缎纹组织和结构疏松的面料而言，这一因素更显得特别重要。

（3）喷枪对衣物连续作用时间。喷枪对衣物作用的时间可以有多种选择，既可以连续作用，也可以断断续续地使用喷枪。

（4）喷枪工作的形式。喷口在衣物的上方可以固定不动；可以反复平移；也可以转动、摇摆；又可以变换多种角度。目的是为了取得更满意的效果。

2.去渍工具

去渍技术是个要求比较细致的工作，需要小心谨慎，细心从事。选择适当的去渍工具自然就显得很重要了。用于去渍的工具大体上有三类：去渍刷、去渍刮板和布头或棉签。此外还需要一些辅助工具（如垫布、喷壶、各种容器等）。

（1）去渍刷。这是洗衣业必备的去渍工具，不论从事干洗或水洗的员工，都需要使用此工具。根据使用情况的不同，可以将其分成四种不同的类型。

① 涂抹用去渍刷（图2-2）：用于干洗前，在衣物重点污垢处涂抹干洗皂液或干洗枧油的去渍刷。有的直接使用30～60毫米宽的油漆刷子，也有的使用长柄棕毛刷。基本要求是：棕毛要软一些，还要能够比较容易地控制含液量。

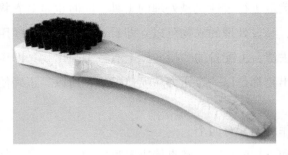

图2-2　涂抹用去渍刷

② 刷拭用去渍刷（图2-3）：使用频率最高、具体品种也比较多的去渍刷。可以有大、中、小三种不同尺寸规格，刷毛有硬性的锦纶丝型和软性的鬃毛型两种。刷毛不宜太长，刷毛长度大约在1～1.5厘米。在没有配备去渍台的洗衣车间，人们时刻都离不开它。

锦纶丝型·硬性刷

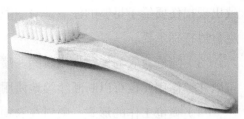
鬃毛型·软性刷

图2-3　刷拭用去渍刷

③ 击打用去渍刷（图2-4）：一种在去渍时需采用敲击手法来去渍的专用去渍刷。它的手柄比较粗壮，大多使用硬杂木制作。刷毛短而硬挺。刷子有一定质量，以便于敲打。主要用于去除颜料型固体颗粒污垢渍迹。

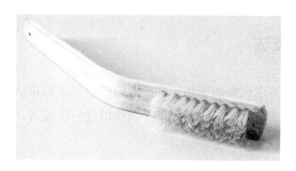

图2-4　击打用去渍刷

④ 摩擦用去渍刷：一种使用方法很特别的去渍刷，刷毛前端要有钝圆的表面，加上磨料（如牙膏）后用于磨除细微的颗粒污垢渍迹。

（2）去渍刮板（图2-5）。其又称为刮片、刮刀，是比各种去渍刷更强有力的去渍工具。一般由牛骨制成，也有使用有机玻璃或老竹片制成的。一端是像剑头一样的扁平尖，另一端是扁平的钝面。大约长100毫米、宽20毫米、厚2毫米。由于在使用刮板时衣物所受到的力量较大，所以多数是使用平面圆钝的一面。只有在白色衣物上面才有可能使用剑头的刃面刮除渍迹。

图2-5　去渍刮板（牛骨制）

（3）布头或棉签。把这两种小东西当做去渍工具专门讲述，似乎有些小题大做。但是布头或棉签是很好使用而且经常使用的去渍工具。它们具有温和、灵活、容易控制、对衣物或面料损伤小等优点。

（4）其它辅助工具。一些干净的全棉白布或毛巾；可以喷出细腻水雾的喷壶；大小不等的各类容器等。

这些看似无所谓的小器物都有可能在去渍过程中派上用场。

六、去渍技法

去渍是技术性要求较高的工作，洗染业前辈们积累和总结了许多行之有效的操作方法和技法。去渍台的普及使去渍手段得以进一步提高。下面为大家介绍十余种具体的去渍技法。

1.洗涤法

许多污垢从表面观察不能立刻认识它的成分，实际上很可能是以水溶性为主的污垢，尤其是干洗以后的衣物，多数需要采用水洗法解决（注意：如果衣物总体比较脏，最好先进行水洗，如有需要然后再进行干洗）。而且有些渍迹还需要进行重点去除，必要时还可以提高温度进行整体处理。但是一定要注意避免发生脱色。

2.点浸法

点浸法是采用化学药剂运用化学反应分解渍迹时，经常使用的方法。一般直接将去渍剂点浸在渍迹处，等待一段时间，让药剂与污渍发生反应。多数情况下不需要再使用其它工具。为防止用药过量或在一些娇气的面料上去渍时，还可以使用棉签蘸上药剂点浸渍迹处。

3.刷拭法

刷拭法是传统去渍过程中最常使用的方法，涂抹去渍剂后停留片刻，然后选用适合的去渍刷进行刷拭。对于干性或黏性的渍迹最为适用，但是要特别注意刷拭不可过分，当心面料的染料脱落。对于面料结构比较疏松的纯毛衣物（如粗纺花呢、羊毛衫、羊绒衫等），尽量不使用这种方法，以防羊毛纤维发生缩绒。

4.刮除法

使用骨制刮板在涂有去渍剂的渍迹处刮擦，比使用去渍刷更有效，力度也更大，同时发生过分去渍的可能性也就更大。有的人使用指甲代替刮板，其效果差不多，但是要注意避免接触不利于手指的药物。刮板去渍最常用在白色纺织品上，最好不要用在深色衣物上。

5.喷枪法

在有去渍台的洗衣车间，喷枪是在去渍时使用最多的工具，它的适用范围也最宽。大多数渍迹涂抹去渍剂以后，等待片刻便可以使用喷枪处理。喷枪一般有两种，一种可以喷出清水和压缩空气（冷风），一种可以喷出蒸汽和压缩空气（冷风）。有的去渍台还备有可以喷出预处理剂或去渍剂的喷枪。使用喷枪时，喷枪口与衣物的角度和距离非常重要，需要根据面料和污渍情况随时调整。不可一味追求立竿见影而用力过猛，以免损伤衣物质地。

6.浸泡法

在一些颜色性渍迹面积较大时，往往可以采取浸泡法处理。使用的去渍剂范围较宽，一般的去渍剂、氧化剂、还原剂或剥色剂等都有可能使用。浸泡时间、浸泡温度、浴比、操作技法等会各不相同。使用时一定要认真选择正确的方法和条件。

7.氧化漂白法

使用氧化剂（如次氯酸钠、过氧化氢、彩漂粉或高锰酸钾等）进行漂白的方法。需要注意的是氧化漂白的对象要严格界定，使用条件也要严格控制。一定要因污垢而异，还要因衣物的承受能力而异。

8.还原漂白法

使用还原剂进行漂白的方法。情况和氧化漂白法相类似，应该注意的事项也

相同。只是使用的是还原剂，如保险粉、雕白剂等。

9.剥色法

剥色法是需要比较熟练的技术的，使用某中性洗涤剂在规定条件下对沾染的颜色渍迹进行剥除。既能将色迹剥除，又能保护衣物原有色泽。这种去渍方法对于纺织品结构较为疏松的，效果很理想。对于特别细薄、致密的面料则比较困难。

10.敲击法

固体颗粒污渍中极为细小的污渍在常规洗涤之后必然还留有残渍，如墨汁、涂料、混有细微金属粉末的机械油黑渍，也就是颜料型渍迹。可以使用击打去渍刷敲击去除，当然击打力度和击打方式也需要视对象灵活掌握。

11.摩擦法

摩擦法是一种纯粹的物理方法，对于去除细微固体颗粒污垢型渍迹比较有效。必要时还可以使用一些摩擦剂，如牙膏。

12.浸润法

浸润法是针对浅表性颜色损伤的专用去渍法，需要配合润色恢复剂使用。可以采用浸泡法，也可以采用喷枪法，能够有效地解决深色衣物的白霜、白雾现象。

13.综合法

有相当多的渍迹使用单一的方法往往不能奏效，常常需要几种方法交替使用，也就是综合法。使用过程也要依照先简后繁、先轻后重的原则进行。

七、去渍禁忌

去渍是需要细心、认真的工作，既不能粗心大意也不能急于求成。去渍失败大多数不是因为技术不过关，而是缺乏细心、认真而且平和的心态。所以，去渍工作勤于动脑胜过急于动手。

去渍的过程中人们往往由于不善于思索而出现差错事故。经常发生的和需要特别注意的就是下面的四种禁忌。

1.情况不明，盲目下手

不对渍迹认真观察、分析，不进行必要的试验，甚至只凭想当然的推断，就选择某种去渍剂盲目下手进行去渍；或是一上手就使用去渍枪猛打。往往还没明白怎么回事，衣物已经出现某些损伤，事故已然发生。

2.不管不问，轮番上阵

情况和第一种情况有些相似，但是结果可能更坏。由于没有认真识别和分析，就不加选择地轮流使用各种去渍剂，完全靠碰运气。于是就有可能使用了性能相反的药剂，不但不能去除渍迹，最后可能适得其反。本来可以轻松去除的渍迹最后竟变成了无法去除的"绝症"。

3.缺乏耐心，急于求成

任何去渍剂，在使用过程中都需要一定的时间与衣物上的渍迹发生反应，有的甚至需要较长的时间才能奏效。涂抹了去渍剂以后立刻使用喷枪打掉，完全不给去渍剂进行工作的时间，其实是最不明智的。不但于事无补，同时也白白浪费许多去渍剂。还有的急于尽快完成去渍，于是加大去渍力度，用去渍枪猛打，用去渍刷猛刷或用刮板猛刮一番，衣物上的渍迹有可能去掉了，而面料的颜色也脱掉许多，变得发浅或发白，形成去渍事故。

4.求全责备，矫枉过正

经过一番努力，衣物上的大多数渍迹已经去掉，去渍的效果已经显现，但是仍然可能有一些淡淡的残留。如果这时停止去渍，尽管没有达到百分之百，但是还不致使衣物损坏，衣物本身还有使用价值。如果作出错误的判断，继续进行去渍，往往就会发生损坏底色或纤维的情况。虽然出发点是好的，而结果却走到了负面，去渍者成了衣物的损坏者。有问题的衣物发生了责任转移，其实反而得不偿失。

第三章　油污渍迹的去除

衣物上的油污是最为常见的污渍，不同衣物的不同油污其基本属性是有差别的。使用同样方法去除不同的油污时往往效果相差很多。力求能够使用较为简单的方法去除不同的油污，但是，"一把钥匙开一把锁"仍然是去渍技术的主要途径。为此，油污渍迹的去除以专题方式进行专门讲述。

一、油性污垢所包括的范围

在三种不同类型的污垢中，油性污垢是主要污垢。人们发明干洗技术就是为了解决油性污垢有效洗涤的问题。在没有干洗技术之前，所有的油性污垢都是靠水洗来去除的。当然也有很多油性污垢不能通过水洗洗净。那么，油性污垢都包括哪些呢？

1.油脂性污垢

含有动物油脂、植物油脂和人体皮脂的污垢及渍迹；含有石油产品类的油脂污垢以及这类污垢形成的渍迹。

如：各种食品油脂，化妆品油脂，石油产品、润滑剂产品等。

2.胶类、胶黏剂类污垢

以各种胶原蛋白为主要成分的食品类污垢，含有天然橡胶成分的胶黏剂污垢，各种合成胶黏剂形成的污垢，以及由各种胶类、胶黏剂形成的渍迹。

如：各种皮胶、骨胶、胶水，各种化学黏合剂，口香糖，不干胶等。

3.蜡质类污垢

含有各种石蜡、蜂蜡、硬脂酸等成分的产品所形成的污垢及其渍迹。

如：蜡油，油墨，复写蜡纸，某些化妆品等。

4.树脂类污垢

含有各种合成树脂成分的渍迹。

如：清漆，油漆，某些涂料，指甲油，万能胶，玻璃胶等。

5.油性复合污垢

沾染在衣物上的单纯性油性渍迹较少，大多数是复合型油污。如食品类油污含有各种色素、糖类、盐分、淀粉、蛋白质等；化妆品类的油性渍迹含有色素、蜡质、氨基酸以及溶剂等；而交通工具的油性渍迹多半会含有金属粉末等。

油污渍迹的去除主要是寻求上述第一类油脂性污垢和第五类油性复合污垢所形成渍迹的去除方法，也就是衣物上常见的各类日常油性渍迹的去除方法。由于油污种类不同，被沾染衣物的面料不同以及面料颜色不同，所以，去除的方法也就会不同。在下面油污渍迹的去除方案中分别介绍不同油污渍迹的去除方法。

二、油污渍迹的类型

1.人体皮脂渍迹

人体皮脂是普遍存在的油污，大多数能在常规洗涤中洗净。真正在衣物上能够形成"渍迹"的人体油污是不多的，只有少数年轻人的衣物上有可能有这类渍迹。大多数存在于夏季贴身衣物的领口、袖口以及背部。

2.食品油脂复合物渍迹

食品油脂复合物渍迹是最普遍的油污，大多数衣物上的渍迹都可能是这类油污渍迹。由于这类渍迹多半含有其它成分，如色素、糖类、盐分、淀粉、蛋白质等，刚刚沾染上的比较容易去除，陈旧性的去除的困难程度会增加。因此在去除时要区别对待。

3.化妆品油脂渍迹

很多化妆品含有一些油脂，但是化妆品类油脂渍迹的油性特点并不特别突出，其中更多的是色素或是蜡质等。因此由化妆品形成的油性渍迹一般不会特别严重。

三、油污渍迹的特点

1.单纯性油污渍迹极少，复合型油污渍迹为主

把油脂直接遗洒或涂抹在衣物上，形成的单纯性油渍是极少的，大多数是含有各种成分的复合型渍迹。因此，要根据所含有的其它成分来设定去除油污渍迹的方法，也就是去渍方案要有针对性。如果是单纯性油污采用溶剂去除是比较简单的。如果是复合型油污就应该采用复合型去渍剂去除。

2.油脂与颜色共存

所有油污渍迹都会表现出不同的颜色，有的是油脂本身的颜色（大多数是黄色的），有的是混合或溶解在油脂里的其它色素（如酱油、辣椒、番茄酱、虾油等）。去除油污时，要同时考虑去除这些不同的色素。

3.去渍的时机关系重大

由于油脂性污渍沾染在纺织品上以后，会继续受到空气、日照等环境因素的影响，逐渐氧化。因此，衣物上的油污渍迹存留时间越久，去除起来就越困难。而在洗涤前去渍要比洗涤后去渍更为有利。尤其是去除经过干洗后的油污渍迹时，其困难程度与干洗前相差很多。含有色素的油污渍迹经过干洗后，色素与纤维的结合牢度就会加强，甚至成为不能彻底去除的"绝症"。因此，在什么时机进行去渍，关系到是事倍功半还是事半功倍。

4.纤维成分决定渍迹的结合牢度

衣物面料的不同纤维成分决定着油污渍迹与衣物的结合牢度。疏油性纤维（亲水性纤维），如棉纤维、麻纤维、丝纤维、毛纤维以及黏胶纤维，沾染了油污渍迹是比较容易去除的。相比之下亲油性纤维，如锦纶、涤纶、腈纶、醋酸纤维等，沾染了油污渍迹则比较难去除。

5.面料的染料种类影响去渍结果

市场上的各种面料多达数万种，而所使用的具体染料品种也有上千种。由不同的染料染色或印花的纺织品其色牢度自然也不尽相同。有的面料染色牢度等级较高，有的面料染色牢度等级则较低。染色牢度等级较低的面料在去渍时承受能力一般比较差。因此，面料使用的染料会直接影响去渍结果。染色牢度较高的面料去渍结果会好一些；染色牢度低的面料（如各种真丝面料）往往在去渍过程中伤及面料上的染料，造成去渍后原有污渍处发白。

四、油污渍迹的识别

1.从油污渍迹的位置分析判断

通过对油污渍迹所处位置的分析可以判断其种类。如衬衫、T恤领部，袖口，背部等处的油污多数是人体皮脂油污；上衣前襟、裤腿前面的油污多数是食品油污；而领子、腋下等处多是人体分泌物；肩部等处可能为化妆品油污。

2.从油污渍迹的颜色分析判断

各种不同的黄色油污渍迹多数是由菜肴汤汁造成的；红褐色油污渍迹多数含有动植物色素；而灰黑色油污渍迹大多数含有灰尘或金属粉末；油性彩色笔的渍迹颜色可能多种多样；而没有特殊颜色，仅仅比衣物面料颜色略深的渍迹多半是以油脂性污渍为主的渍迹；等等。

3.从油污渍迹的形态分析判断

油污渍迹大体上有两种形态。一种是斑点状，这种油污渍迹大多数是洒落的菜肴汤汁；另一种是条状，这大多是接触、摩擦或是剐蹭的油污。剐蹭的油污渍迹结合牢度较高，往往含有不溶性颗粒状污垢或金属粉末，比较难彻底去除。

4.从面料的纤维组成分析判断

浅层次的油污一般不会成为油污渍迹，通过水洗或干洗就可以洗净。能够成为油污渍迹的都是渗透到纱线或纤维内部的油污。因此同类油污沾染到不同纤维上时，去除的难易程度就有很大差别。亲水性纤维织物上的油污容易去除。合成纤维织物亲油性较强，其油污就不容易去除。而超细纤维织物上的油污往往是最顽固的油污渍迹。

五、油污渍迹的去除方案

根据以上的分类、分析与判断，需要采取分门别类、区别对待的方法去除常见油污渍迹，也就是只能采取"一把钥匙开一把锁"的办法处理，才能够安全、迅速、有效地去除油污渍迹。为此，可分门别类地把不同油污渍迹的去除方案介绍如下。

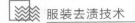

1. 先水洗，后干洗去除油渍

适用衣物及面料的范围：

（1）可以水洗的浅色纯棉面料、浅色麻纺面料、浅色涤棉面料（或浅色印花、条格面料）的休闲衣裤、夹克、风衣等。

（2）各种混纺面料的休闲服装、运动服装等。

（3）上述衣物的面料应该不带有树脂涂层；同时还应该确认衣物面料不是溶剂型浆料印花或以印代染的面料。

适用油污渍迹的范围：

油污渍迹面积较大或是较为顽固的食品性油污渍迹，化妆品的油污渍迹，单纯性油脂污渍等。

使用条件：

由于面料颜色的染色牢度不高，去渍时非常容易造成脱色、发白。因此，处理这类衣物要求具有较高的去渍技术水平。为了防止发生去渍脱色，规避去渍程序，不采用去渍方法去油，而改为干洗去油。

使用方法：

（1）首先对衣物进行常规水洗，原有油污渍迹不作任何专门处理。

（2）衣物晾干后，进行干洗。

注意事项：

（1）水洗前不要对油污渍迹进行专门处理。

（2）干洗前不宜进行涂抹皂液、枧油等（干洗助剂）预处理。

（3）可于干洗时在干洗机中加入适量强洗剂。

（4）这种去除油污渍迹的方法比较简单、安全，但是成本相对较高。

2. 使用溶剂汽油去除油渍

溶剂汽油，或称作直馏汽油，俗称高标号汽油，能够有效溶解常见的各种油脂，容易挥发，易燃、易爆。

适用衣物及面料的范围：

（1）经过水洗后的较深颜色纯棉、涤棉类面料（或较深颜色的印花、条格面料）的各种衣物。

（2）溶剂型印花面料或以印代染的单色面料制成的衣物，不能进行干洗，也不能使用某些去渍剂如FORNET去油剂，克施勒Krcusslcr·C去渍剂，西施SEITZ·Lacol（紫色）、SEITZ·Colorsol（棕色）去渍剂进行去渍。

（3）某些配件不适合采用干洗，而水洗后一些油污不净的衣物。

（4）水洗后一些油污未能彻底洗净的带有涂层的面料。

（5）水洗后一些油污不净的浅色（包括浅色印花和浅色条格）丝绸面料衣物。

适用油污渍迹的范围：

（1）水洗后衣物上残存的单纯性油脂。

（2）水洗后衣物上残存的食品类油污渍迹。

（3）水洗后衣物上残存的石油类油脂污渍。

使用条件：

（1）基本上不含有色素类污渍或含有较少色素的油污渍迹。

（2）油污的面积不是特别大。

使用方法和操作步骤：

用于一般没有涂层的面料时，按下述步骤操作。

（1）将衣物翻转，使油污渍迹正面朝下。

（2）在油污渍迹下面垫好吸附材料（洁净废布或卫生纸）。

（3）使用废布头蘸上少量溶剂汽油，沿油污渍迹外围淡淡地浸润。

（4）适当加大溶剂汽油用量，逐渐向油污渍迹中心部位浸润。

（5）更换所垫的吸附材料，重复上述操作1～2次即可。

用于带有涂层的面料时，按下述步骤操作。

（1）准备一些洁净废布，盖在油污渍迹处。

（2）使用洁净废布头蘸上少量溶剂汽油，隔着洁净废布擦拭油污渍迹。

（3）更换所垫的洁净废布，逐渐加大溶剂汽油用量，重复上述操作。

（4）等待溶剂汽油挥发，观察油污去除情况，如果不彻底还可以重复上述的去油操作。

注意事项：

（1）一般面料一定要从背面进行去油操作，油污下面必须垫好吸附材料；油污溶解后要及时更换吸附材料。

（2）带有涂层的面料一定要垫好洁净废布后再进行去渍操作。

（3）开始擦拭或涂抹溶剂汽油时，用量不可多；擦拭过程为从渍迹外围逐渐到中心部位。

（4）油污中含有较多的色素污垢时，不宜使用这种方法。

（5）使用高标号汽油时必须选择通风、宽敞的场地；必须远离易燃物和火烛。使用后要妥善保存溶剂汽油。残余的溶剂汽油不可随意倾倒。

3.使用FORNET去油剂去除油污渍迹

FORNET去油剂主要用于去除油脂性污渍。

适用衣物及面料的范围：

（1）各种颜色（包括印花、条格面料）的纯棉、涤棉、纯毛、毛涤面料的衬衫、T恤、上衣、裤子、裙子、风衣、夹克等。

（2）各种颜色纯毛、毛混纺的羊毛衫、羊绒衫等。

（3）羽绒服、防寒服类。

适用油污渍迹的范围：

（1）含有蛋白质、糖类、淀粉、色素等的各种食品类油污渍迹。

（2）各种化妆品类油污渍迹。

（3）各种矿物油脂类油污渍迹。

（4）不太严重的油墨、油漆、沥青类油污渍迹。

使用条件：

（1）适用于水洗或是干洗前的油污渍迹预处理。

（2）一般油污渍迹滴入去油剂静置3～5分钟后可直接进行洗涤。

（3）较为严重的油污渍迹滴入去油剂后可以在去渍台进行处理或经手工揉搓后进行洗涤。

使用方法和操作步骤：

用于一般衣物时，按下述步骤操作。

（1）在油污渍迹处滴上去油剂静置3～5分钟后备用。

（2）将上述衣物投入含有洗涤剂的洗涤液中进行手工洗涤或水洗机洗涤。

（3）如果采用干洗，应在去渍台上将去渍剂以及油污渍迹清理后再装机。

用于水洗羊毛衫、羊绒衫时，按下述步骤操作。

（1）在羊毛衫、羊绒衫的油污渍迹处滴上去油剂静置3～5分钟后备用。

（2）手工轻柔地揉搓油污渍迹处几次。

（3）在含有中性洗涤剂的洗涤液中手工洗涤。

注意事项：

（1）不可用于醋酸纤维面料和含有醋酸纤维的面料。

（2）用于100%锦纶面料时，使用后不可留置较长时间，应立即把残余去渍剂清洗干净。

（3）不宜用于带有树脂涂层的面料，不可用于以印代染面料上的油污渍迹。

4.使用西施SEITZ·Lacol（紫色）去渍剂去除油污渍迹

适用衣物及面料的范围：

（1）各种颜色纯毛、毛涤面料的上衣、裤子、裙子、风衣、夹克等。

（2）各种颜色纯毛、毛混纺的羊毛衫、羊绒衫等。

（3）羽绒服、防寒服类。

适用油污渍迹的范围：

（1）含有蛋白质、糖类、淀粉、色素等的各种食品类油污渍迹。

（2）各种化妆品类油污渍迹。

（3）各种矿物油脂类油污渍迹。

（4）不太严重的油墨、油漆、沥青类油污渍迹。

使用条件：

（1）适用于水洗或是干洗前的油污渍迹预处理。

（2）滴入去渍剂，静置片刻后，在去渍台上将去渍剂和油污渍迹清理干净，然后进行洗涤。

使用方法和操作步骤：

（1）在油污渍迹处滴上去渍剂静置3～5分钟后备用。

（2）将上述衣物投入含有洗涤剂的洗涤液中进行手工洗涤或水洗机洗涤。

（3）如果采用干洗，应在去渍台上将去渍剂以及油污渍迹清理后再装机。

除按上述步骤操作外，还可按以下步骤操作。

（1）在羊毛衫、羊绒衫的油污渍迹处滴上SEITZ·Lacol（紫色）去渍剂，静置3～5分钟后备用。

（2）手工轻柔地揉搓油污渍迹处几次。

（3）在含有中性洗涤剂的洗涤液中手工洗涤。

注意事项：

（1）不可用于醋酸纤维面料和含有醋酸纤维的面料。

（2）用于100%锦纶面料时，使用后不可留置较长时间，应立即把残余去渍剂清洗干净。

（3）不宜用于带有树脂涂层的面料，不可用于以印代染面料上的油污渍迹。

5.使用克施勒Krcusslcr·C去渍剂去除油污渍迹

适用衣物及面料的范围：

Krcusslcr·C可以用于各种纺织纤维织造的面料。

（1）各种颜色纯毛、毛涤面料的上衣、裤子、裙子、风衣、夹克等。

（2）各种颜色纯毛、毛混纺的羊毛衫、羊绒衫等。

（3）羽绒服、防寒服类。

适用油污渍迹的范围：

（1）含有蛋白质、糖类、淀粉、色素等的各种食品类油污渍迹。

（2）各种化妆品类油污渍迹。

（3）各种矿物油脂类油污渍迹。

（4）不太严重的油墨、油漆、沥青类油污渍迹。

使用条件：

（1）适用于水洗或干洗前的油污渍迹预处理。

（2）滴入去渍剂Krcusslcr·C，静置片刻后，在去渍台上将油污渍迹清理干净，然后进行洗涤。

使用方法：

（1）干洗前或水洗前使用。

（2）在油污渍迹处滴上去渍剂Krcusslcr·C，静置片刻。

（3）交替使用去渍清水喷枪和冷风喷枪，将污渍与去渍剂清除干净。

（4）进入洗涤程序。

注意事项：

（1）本去渍剂不可在洗涤后使用。

（2）使用去渍剂Krcusslcr·C后，应彻底清除再进行洗涤。

（3）处理严重油污时，滴入去渍剂后可适当延长停放时间。

6.使用FORNET中性洗涤剂去除油污

适用衣物及面料的范围：

（1）带有涂层面料的衣物沾染较多油污时，且衣物面料不适合干洗或不适合使用专门用于去除油污渍迹的去渍剂，如FORNET去油剂，克施勒Krcusslcr·C去渍剂，西施SEITZ·Lacol（紫色）、SEITZ·Colorsol（棕色）去渍剂。

（2）在水洗前用于处理羊毛衫、羊绒衫上不太严重的油污斑点。

适用油污渍迹的范围：

（1）含有蛋白质、糖类、淀粉、色素等的各种食品类油污渍迹。

（2）各种化妆品类油污渍迹。

（3）各种矿物油脂类油污渍迹。

使用条件：

（1）去除水洗后颜色较浅且带有涂层面料的各种衣物的油污渍迹。

（2）手工处理羊毛衫、羊绒衫上不太严重的油污斑点。

使用方法和操作步骤：

用于处理带有涂层面料衣物的油污时，按下述步骤操作。

（1）水洗前将中性洗涤剂直接涂抹在油污处。

（2）静置4～5分钟后投入含有洗涤剂的洗涤液中进行洗涤。

用于处理羊毛衫、羊绒衫上不太严重的油污斑点时，按下述步骤操作。

（1）水洗前将中性洗涤剂直接滴在油污斑点处。

（2）静置片刻后，手工轻柔揉搓处理。

（3）揉搓处理后投入含有洗涤剂的洗涤液中进行洗涤。

注意事项：

（1）用于去除带有涂层面料衣物的油污时，不宜提高洗涤温度。

（2）用于去除羊毛衫、羊绒衫上的油污斑点时，不可停放过长时间；处理后应立即进行连续操作，顺序完成洗涤、漂洗、酸洗、柔软整理、脱水等过程。

7.高温、强碱性洗涤去油

适用衣物及面料的范围：

（1）用于水洗洗涤白色或浅色餐饮业台布、口布、围裙等。

（2）用于水洗洗涤以油污为主的白色或浅色工作服。

适用油污渍迹的范围：

（1）各种食品类油性污垢。

（2）各种石油化工产品的油性污垢。

（3）其它油性污垢。

使用条件：

（1）衣物的面料纤维组成能够承受较高洗涤温度和较强碱性洗涤环境。

（2）衣物结构较简单，无其它配件以及装饰物。

使用方法和操作步骤：

（1）水洗白色工作服时洗涤条件如下：洗涤温度为80～95℃，洗涤时间为12～18分钟，强力洗涤剂1～2克/升水。

（2）加入FORNET中性洗涤剂（1克/升水）。

（3）加入双氧水（0.5～1克/升水）。

注意事项：

（1）高温、强碱性洗涤去油方案不可用于其它衣物。

（2）必须充分漂洗和中和残碱。

8.使用四氯乙烯去油

适用衣物及面料的范围：

（1）各种纤维成分织造的服装面料。

（2）各种素色、印花、条格面料。

（3）不适用于带有涂层的面料。

（4）不适用于红色、紫色、棕色系列纯桑蚕丝面料。

适用油污渍迹的范围：

（1）经过水洗洗涤后，衣物上残留的油脂性污渍。

（2）未经干洗衣物上的油污渍迹。

使用条件：

（1）采用从背面进行手工处理的方法。

（2）使用去渍台或是衬垫吸附材料转移油污。

使用方法：

（1）将衣物翻转，使油污渍迹正面朝下。

（2）在去渍台上进行处理，或在油污渍迹下面垫好吸附材料（洁净废布或卫生纸）手工处理。

（3）使用废布头蘸上少量四氯乙烯，沿油污渍迹外围淡淡地浸润。

（4）适当加大四氯乙烯用量，逐渐向油污渍迹中心部位浸润。

（5）更换所垫的吸附材料，重复上述操作1～2次。

（6）在去渍台上处理时要自外向内浸润四氯乙烯，确保溶解的油污不扩散。

注意事项：

（1）工作环境应该保持通风。

（2）不适宜大面积油污的处理。

第四章　颜色渍迹的去除

颜色渍迹是衣物上最常见的渍迹，而颜色渍迹去除往往又是最不容易获得满意效果的。能够把不同衣物上的颜色渍迹彻底去除的洗染业人，才是洗染业真正的技术高手。为此，把颜色渍迹的去除作为专题进行专门的讲述。

一、颜色污渍所包括的范围和类型

人们对衣物上污垢的第一印象就是颜色不一样。因为衣物上所有的污渍都会表现出与衣物本身颜色不同的特性。因此，几乎可以把所有的污渍归结为颜色型污渍。如果任何污渍在衣物上没有表现出它自己的颜色，可以认为这件衣物是干净的，也就是没有污渍。但是，事实上有许许多多污渍虽然表现出一些颜色，但它们并非就是颜色型的渍迹。如：不同金属形成的锈迹；某些蛋白质本身其实是无色的，而沾染到衣物上就会成为有颜色的渍迹；衣物上的糖渍会表现出比周围较深的颜色，但实际上它基本是无颜色的；等等。

此外，还有一些不是颜色渍迹但是表现为颜色渍迹的，它们无须按照去除色迹的方法处理，也能获得较好的效果。如沾染在衣物上的单纯性油渍、由洗涤剂漂洗不彻底造成的黄渍等。

真正能够属于颜色型污渍的渍迹，也就是接下来要重点讲述的颜色渍迹，大体上有三种类型。

1.天然色素类颜色污渍

天然色素类颜色污渍也就是由动植物色素形成的颜色污渍，如人体排出物，各种菜肴汤汁，水果、蔬菜、青草的汁水，茶水、咖啡、可乐、果汁饮料等形成的渍迹等。

2.合成染料类颜色污渍

某些衣物在洗涤过程中面料、里料或配件掉色，所脱落的染料沾染到其它衣物上，从而造成了串色、搭色、洇色等情况。这种颜色污渍的主要成分是合成染料。

3.由不能溶解的细微颗粒污垢形成的颜色污渍

由灰尘、粉末以及各种细屑等极其细微的固体颗粒所形成的颜色污渍，如：皮鞋油中的碳黑粉末；机械机构转动时通过研磨产生的金属粉末；绘画颜料类的各种颜色粉末以及各种颜色的涂料；等等。

二、颜色渍迹的属性与特点

1.单纯性颜色渍迹占主导

在各种颜色渍迹中单纯性的颜色渍迹是最多的，如：由衣物掉色形成的串色、搭色和洇色都含有不同的染料成分；由饮料、青草、水果、蔬菜等造成的颜色渍迹，其主要成分是植物性色素；由文化用品类（如水彩笔、彩色墨水等）造成的颜色渍迹，也属于各种染料的颜色渍迹；等等。

2.与其它污渍相混合的颜色渍迹要分别处理

在颜色渍迹中，食品类和化妆品类的颜色渍迹大多含有其它成分，如油脂、蜡质、鞣酸、糖类、淀粉以及蛋白质等。去除这类颜色渍迹时必须考虑其它成分的处理（如先经过水洗洗涤），再进行颜色渍迹的去除。

3.黄渍是最复杂的颜色渍迹

在颜色渍迹中，黄渍的比例最高，也是最复杂的颜色渍迹，而且往往有许多黄渍是说不清楚的。除天然色素中的黄色渍迹和染料类的黄色渍迹以外，有许多黄色渍迹是非颜色型的，如未能漂洗干净的洗涤剂残余，风化性的黄渍、氯漂后的少量残留等。

4.由细微颗粒污垢形成的颜色渍迹是最顽固的

颜色渍迹中由细微颗粒污垢形成的色迹往往是最顽固的。当固体颗粒污垢的颗粒度小于5微米时，其就有可能进入纤维内部或是嵌在纤维上，成为难以彻底洗净的顽固渍迹。如各种颜料类的色迹、细微金属粉末色迹、某些涂料类色迹等。

三、颜色渍迹的识别

1.根据色迹颜色进行分析判断

既然是颜色渍迹，各种颜色都有可能出现。各种较为鲜艳的颜色可能是由串色、搭色和洇色或者彩色笔沾染造成的；浓重的蓝色大多是蓝墨水或圆珠笔迹；各种黄色或黄棕色大多是菜肴汤汁或饮料类的色迹；等等。

2.根据色迹位置进行分析判断

颜色渍迹的位置比油污渍迹的位置更为复杂，除衣物的前身以外，袖子、裤腿等处都有可能沾染颜色渍迹。这些部位的颜色渍迹多数是食品类渍迹、饮料类渍迹或文化用品类渍迹等，这种规律在儿童服装上表现得更为充分。而领子、肩头、腋下的颜色渍迹往往以人体分泌物或化妆品居多。

3.根据色迹形状进行分析判断

衣物在穿着时沾染上的颜色渍迹，多数是斑点状或条状，面积不会特别大。而在存放、堆置、洗涤过程中沾染的颜色渍迹，其形状则没有规律，各种形状都有可能。

4.根据色迹状态进行分析判断

大多数颜色渍迹表面没有任何残留物，手触摸时一般不会感到存有多余的东西。如果穿着者被遗洒了食物或是出现了呕吐等情况，衣物上就会有一些残留物。而外伤者衣物上的血渍除颜色以外也会留有残留物。

四、颜色渍迹的去除原则

1.要对衣物进行整体处理

由于去除色迹时常常使用不同的氧化剂和还原剂，如果采用局部处理非常容易造成色差。因此，除极个别情况外，颜色渍迹都应该进行整体处理。

2.应以手工为主

除了某些因串色造成的颜色渍迹有时可以使用洗衣机处理以外，颜色渍迹的去除操作主要以手工为主。一方面由于多数的处理操作过程时间较短，而且不适宜停顿；另一方面手工操作易于监控各种使用条件和处理结果，以便及时终止处理，继续下一步操作。

3.严格控制各种条件

去渍时应对药剂浓度、处理温度、处理时间以及浴比、pH值等条件进行严格控制，不可任意改变处理的强度。

4.要彻底清除去渍剂

去渍后彻底清洗残余药剂是非常重要的，尤其是要求进行酸洗、脱氯的衣物，绝不可随意减少或舍弃清洁步骤。

5.不可盲目下手

不能准确判断或是没有把握的处理方案时，一定要先进行试验或是通过废旧衣物进行练习，然后操作。

五、颜色渍迹的去除方案

去除颜色渍迹的途径不外乎三种选择。

（1）利用氧化剂或还原剂进行漂色的化学办法把颜色渍迹去除。这种方法最大的风险是：衣物原有底色同时会受到损伤，衣物原有颜色变浅。而白色衣物是这种方法的最大受惠者。对于不是白色的衣物，为了尽可能减少衣物原有颜色变浅的程度，要充分利用颜色渍迹与面料染色之间的色牢度差异。严格控制氧化剂或还原剂的使用浓度、使用条件和使用方法。用以达到在尽可能保护原有衣物颜色的前提下去除色迹的目的。

（2）利用物理、化学结合的方法剥除颜色渍迹。此方法是采用多种表面活性剂、有机溶剂相互配伍的手段，利用颜色渍迹与面料染色之间的色牢度差去渍。有效控制浓度、时间、温度、技法等作用条件，可把颜色渍迹去除，而且基本上不会伤及原有面料底色。但是使用这种方去除颜色渍迹时，对原有面料的颜色仍然可能有一些影响。

（3）采用单纯的物理方法去除衣物上的色迹。这种方法只对极少数颜色渍迹有效，应用的对象主要是白色衣物。也就是靠使用去渍刮板、去渍喷枪或是摩擦剂（如牙膏）等，把沾染在白色衣物上的色迹去掉。对于非白色的面料，这种方法必须慎重使用。

总之，去渍的前提是不能够以损伤衣物原有颜色为代价的。把99%的颜色渍迹去除干净仅仅留下一点点残余，可能还不够令人十分满意，此时去渍操作还是取得了很好的效果，成绩是主要的。但是，去渍的结果只要超过了100%，那就意味着原有面料的颜色受到了损伤，就转化成为去渍事故，不但没有成绩还要承担差错事故的责任。

因此，去除颜色渍迹过程中，一要尽可能准确地识别判断；二要选择适合的去除方案；三就是没有把握的一定要先进行试验。

下面是采用不同药剂针对性去除颜色污渍的方案，共计17则。这些都是相对比较成熟的去渍方案，但并不能把各种颜色渍迹全部包括在内，它所体现的是"一把钥匙开一把锁"的原则，因此并不适合随意地、由此及彼地扩大使用范围。当超出所限定范围时，一定要根据衣物面料的纤维组成、纱线构成、织物组织、染色情况、服装结构等因素进行分析判断，才可以变通处理。

1.氯漂剂漂除白色衣物的色迹

适用衣物及面料的范围：

（1）衣物的纤维组成应该是棉、麻、黏胶以及合成纤维。

（2）衣物的原有颜色应该是漂白色（不包括本白色或极浅的其它颜色）。

（3）混纺面料的成分中不能含有蚕丝和毛纤维。

适用于以下衣物：白色棉、麻、棉麻混纺衬衫、T恤、裤子、裙子、夹克、风衣、运动服、中小学生制服等；白色卧具、窗帘、垫套等家居用品。

适用颜色污渍的范围：

（1）由其它衣物掉色形成的串色或搭色色迹。

（2）各种天然色素类渍迹（不包括各种金属离子色素、锈迹）。

操作方法：

低温漂白法操作方法如下。

（1）将衣物洗涤干净。

（2）使用桶类容器，准备室温清水，浴比1：（15～20）。

（3）加入40～60毫升液体次氯酸钠，搅匀。

（4）将被漂衣物在桶中拎洗5～10次，然后没入水中。

（5）浸泡2～3分钟。

（6）重复上述操作3～5次。

（7）观察漂白情况，色迹清除后立即停止漂色，脱水后进行漂洗。

（8）漂洗1：室温清水，浴比1：（15～20）；拎洗5～8次。

（9）漂洗2：室温清水，浴比1：（15～20）；拎洗5～8次。

（10）漂洗3：室温清水，浴比1：（15～20）；拎洗5～8次。

（11）脱氯：室温清水，浴比1：10；加入硫代硫酸钠（2～3克/升水），拎洗3～5次，浸泡3～5分钟，挤干水分备用。

（12）漂洗：室温清水，浴比1：（15～20）；拎洗5～8次。

（13）脱水、晾干。

中温漂白法操作方法如下。

（1）将衣物洗涤干净。

（2）使用工业洗衣机进行漂色处理时的条件如下：温度40～50℃，浴比1：（10～15），液体次氯酸钠2～3毫升/升水，处理时间5～8分钟。

（3）排水、脱水。

（4）漂洗1：室温清水，浴比1：（10～15），漂洗时间4～6分钟。

（5）漂洗2：室温清水，浴比1：（10～15），漂洗时间4～6分钟。

（6）漂洗3：室温清水，浴比1：（10～15），漂洗时间4～6分钟。

（7）脱氯：室温清水，浴比1：10，加入硫代硫酸钠（3克/升水），漂洗时间3～5分钟。

（8）漂洗1：室温清水，浴比1：（10～15），漂洗时间4～6分钟。

（9）漂洗2：室温清水，浴比1：（10～15），漂洗时间4～6分钟。

（10）脱水、晾干。

注意事项：

（1）如果使用氯漂粉用量可酌减，如果使用84消毒液需适当增加用量。

（2）如果氯漂剂已经贮存较长时间，根据情况可以适当增加用量。

（3）不可随意增加浸泡时间以及处理时间。

（4）不可随意提高处理温度。

（5）要认真进行清水漂洗和脱氯。

2.微量控制氯漂剂去除有色衣物的串色或搭色

适用衣物及面料的范围：

（1）面料的纤维组成应该是棉、麻、黏胶以及合成纤维的纯纺织物、混纺织物和交织织物，不可含有蚕丝和毛纤维。

（2）浅色、浅中色的单色面料，条格型色织面料，印花面料等。

（3）服装结构不特别复杂，经过较长时间浸泡不会发生抽缩变形的衣物。

（4）不含有皮革、毛皮附件及装饰物，面料无涂层。

适用于以下衣物：不含有蚕丝、毛纤维的浅色、中浅色衬衫、T恤、夹克、风衣、中小学生制服、运动服以及各种休闲服装等；浅色、中浅色家居纺织品。

适用颜色污渍的范围：

（1）与掉色衣物共同洗涤造成的各种颜色的串色。

（2）在存放、堆置、浸泡等过程中与掉色衣物接触造成的搭色。

（3）由红、蓝墨水或文化用品中彩色笔沾染的颜色渍迹。

（4）部分蔬菜、水果、饮料等植物类色素沾染的渍迹。

使用条件：

（1）严格控制氯漂剂的用量，保持氯漂剂的较低浓度。

（2）使用大浴比的冷水，采用浸泡法处理。

（3）处理较长时间。

（4）准确的操作方法。

操作方法：

（1）根据衣物的大小准备桶形容器，容积至少应为衣物的20倍，注满室温清水，备用。

（2）加入液体次氯酸钠（1克/升水）；如果使用84消毒液须为2克/升水。

（3）加入中性洗涤剂或通用洗衣粉2～3克，搅匀。

（4）把洗涤干净的被处理衣物放入桶中拎洗3～5次。

（5）被处理衣物没入水中浸泡，注意：要把衣物中的空气挤出，使衣物整体没入水中，不可有任何漂浮部分。

（6）每隔10～15分钟拎洗2～3次，拎洗后仍然没入水中浸泡。

（7）浸泡2小时以后，可以每隔1小时拎洗1次；4小时后可以停止翻动。

（8）观察衣物色迹去除情况，清除后即可终止处理。

（9）最长浸泡时间可达24小时。

（10）清水漂洗3～4次。

（11）脱氯：室温清水，浴比1：15，加入硫代硫酸钠（2克/升水），拎洗加浸泡3～5分钟。

（12）清水漂洗2～3次。

（13）脱水、干燥。

注意事项：

（1）不可随意提高氯漂剂用量。

（2）不可改变处理温度。

（3）每次拎洗后要确保衣物全部没入水中，不可有任何漂浮部分。

（4）脱氯、漂洗要认真。

3.氯漂剂漂除白色衣物的顽固色斑

适用衣物及面料的范围：

（1）面料的纤维组成应该是棉、麻、黏胶或合成纤维的纯纺织物或混纺织物，不可含有蚕丝或毛纤维。

（2）面料的颜色必须是漂白色，绝不可用于有颜色的衣物，也不可用于本白色或极浅色面料。

适用于以下衣物：漂白色棉、麻、棉麻混纺衬衫、T恤、裤子、裙子、夹克、风衣、运动服、中小学生制服等；漂白色卧具、窗帘、垫套等家居用品；漂白色合成纤维面料的防寒服、羽绒服等。

适用颜色污渍的范围：

（1）由掉色衣物脱落的各种染料所形成的搭色沾染。

（2）各种顽固的天然色素类颜色渍迹。

（3）文化用品中红、蓝墨水或彩色笔的颜色污渍。

（4）不包括固体颗粒型的颜料类色迹。

使用条件：

（1）已经采用氯漂剂或保险粉漂白，但未能取得效果。

（2）沾染面积不是特别大。

（3）衣物上没有特殊附件、配件。

（4）采用较高浓度氯漂剂对颜色污渍进行局部处理。

（5）使用FORNET去锈剂作为氯漂激发剂助漂。

操作方法：

（1）配制3%～5%（体积分数，下同）次氯酸钠溶液或10%的84消毒液备用。

（2）使用蘸满上述氯漂液的棉签涂抹顽固色斑2～3次。

（3）立即滴入去锈剂，激发氯漂能量。

（4）重复上述操作至顽固色迹清除。

（5）使用室温清水漂洗3～5次清除残余药剂；或使用去渍台清水喷枪和冷风喷枪反复操作清除残余药剂。

（6）衣物情况允许时，最好再进行一次水洗洗涤。

注意事项：

（1）面料成分的合成纤维比例较高时，可以适当提高氯漂剂浓度。

（2）以棉、麻、黏胶纤维为主的面料不宜使用较高浓度的氯漂剂。

（3）处理后必须认真清洗残余药剂，直至完全彻底干净。

4.双氧水漂除有色衣物的串色、洇色和色迹

适用衣物及面料的范围：

（1）适用于各种纺织纤维组成的面料。

（2）用于浅色和中深色的单色面料或条格、印花面料。

（3）用于结构比较简单，能够承受较高温度的处理而不致抽缩变形的衣物。

（4）无各种涂层的面料。

适用于以下衣物：浅色、中深色面料的衬衫、T恤、夹克、风衣以及各种休闲服装；浅色、中深色家居纺织品；浅色、中深色的羊毛衫、羊绒衫；拼色面料的休闲服装。

适用颜色污渍的范围：

（1）洗涤掉色衣物时对其它衣物所造成的串色沾染。

（2）水洗不同颜色面料组成的衣物时所形成的不太严重的洇色沾染。

（3）其它由颜色沾染形成的色迹。

使用条件：

（1）采用对衣物进行整体处理的方法。

（2）使用较高温度和中等浓度双氧水处理。

（3）以手工拎洗操作为主。

操作方法：

（1）使用非金属桶形容器，准备浴比1∶15的80℃热水备用。

（2）加入30%的工业用双氧水（70～80毫升/件衣物）；加入中性洗涤剂（1～2毫升/件衣物），搅匀。

（3）在上述氧漂剂中拎洗3～5分钟。

（4）漂洗：室温清水，手工拎洗，至少漂洗3次。

（5）酸洗：室温清水中加入冰醋酸（5～10毫升/件衣物），拎洗2～3分钟，浸泡2～3分钟。

（6）脱水、晾干。

注意事项：

（1）颜色比较深的面料不适合采用这种方法处理。

（2）这种方法不适合织物组织特别致密的面料。

（3）衣物上应无皮革、毛皮的附件与配饰。

（4）处理衣物时，不可在氧漂剂中浸泡较长时间。

（5）衣物上带有金属配件时要加强清水漂洗。

5.双氧水漂除印花及色织面料洇色

适用衣物及面料的范围：

（1）适用于各种纺织纤维织造的面料。

（2）适用于色织纺织品和印花纺织品。

（3）用于结构比较简单，能够承受较高温度的处理而不致抽缩变形的衣物。

（4）无各种涂层的面料。

适用于以下衣物：色织和印花的衬衫、T恤、休闲服装；色织和印花的家居纺织品；色织和印花的羊毛衫、羊绒衫。

适用颜色污渍的范围：

（1）条格面料部分纱线掉色形成的洇色沾染。

（2）印花面料洇色所造成的沾染。

使用条件：

（1）采用对衣物进行整体处理的方法。

（2）使用较高温度和中等浓度双氧水处理。

（3）以手工拎洗操作为主。

操作方法：

（1）使用非金属桶形容器，水温80℃，浴比不低于1：15。

（2）加入30%的工业用双氧水（70～80毫升/件衣物），加入中性洗涤剂（0.5毫升/件衣物），搅匀。

（3）在上述氧漂剂中反复拎洗，同时观察处理结果。

（4）颜色沾染清除后，立即终止处理，进行漂洗。

（5）漂洗：室温清水，每次漂洗手工拎洗3～5次，至少漂洗3次。

（6）酸洗：室温清水中加入冰醋酸（15～25毫升/件衣物），拎洗3～5次，浸泡2～3分钟。

（7）脱水、晾干。

注意事项：

（1）衣物上应无皮革、毛皮的附件与配饰。

（2）处理全过程应连续进行，中途不可停顿。

（3）去色环节不可浸泡。

（4）衣物上带有金属配件时要加强清水漂洗。

6.双氧水漂除天然色素色迹（热处理）

适用衣物及面料的范围：

（1）各种纺织纤维织造的面料。

（2）各种单色面料、色织纺织品和印花纺织品。

（3）结构比较简单，能够承受较高温度的处理而不致抽缩变形的衣物。

适用于以下衣物：浅色、中深色面料的衬衫、T恤、夹克、风衣以及各种休闲服装；浅色、中深色家居纺织品；浅色、中深色的羊毛衫、羊绒衫；无深色拼色面料的休闲服装。

适用颜色污渍的范围：

（1）由青草、水果、蔬菜以及各种饮料中的天然色素形成的沾染。

（2）菜肴汤汁形成的天然色素渍迹。

（3）时间不是特别久的人体分泌物所形成的黄色污渍。

使用条件：

（1）采用对衣物进行整体处理的方法。

（2）使用较高温度和中等浓度双氧水处理。

（3）以手工拎洗操作为主。

操作方法：

（1）使用非金属桶形容器进行处理，水温80℃，浴比1∶（15～20）。

（2）加入30%的工业用双氧水（70～80毫升/件衣物），加入中性洗涤剂（2～3毫升/件衣物），搅匀。

（3）在上述氧漂剂中拎洗2～3分钟，浸泡2～3分钟。

（4）漂洗：室温清水，手工拎洗3～5次，至少漂洗3次。

（5）酸洗：室温清水中加入冰醋酸（5～10毫升/件衣物），拎洗3～5次，浸泡2～3分钟。

（6）脱水、晾干。

注意事项：

（1）衣物上应无皮革、毛皮的附件与配饰。

（2）拼色衣物中无深色部分。

（3）衣物上带有金属配件时要加强清水漂洗。

7.双氧水去除天然色素色斑（冷处理）

适用衣物及面料的范围：

（1）适用于各种纺织纤维织造的面料。

（2）适用于各种单色面料、色织纺织品和印花纺织品。

（3）用于结构比较复杂，不能够承受较高温度处理的衣物。

适用于以下衣物：浅色、中深色面料的衬衫、T恤、夹克、风衣以及各种休闲服装；浅色和中深色家居纺织品；浅色、中深色的羊毛衫、羊绒衫。

适用颜色污渍的范围：

（1）由青草、水果、蔬菜以及各种饮料形成的天然色素色斑。

（2）菜肴汤汁以及各种食物形成的天然色素色斑。

使用条件：

（1）对衣物上的天然色素色斑进行局部点浸处理。

（2）使用室温（低温）和较高浓度的双氧水。

（3）严格控制衣物上残存的双氧水含量。

（4）避免双氧水与金属配件接触。

操作方法：

（1）已洗涤干净的衣物备用。

（2）将5毫升工业双氧水稀释至8%～10%。

（3）使用棉签蘸取上述稀释过的双氧水，在色素色斑处点浸。

（4）点浸过双氧水2～3分钟以后，交替使用去渍台清水喷枪和风枪打去残留的药剂。

（5）重复上述操作，直至色素色斑清除干净。

（6）充分清洗所处理过的部分。

注意事项：

（1）为了使双氧水容易渗入衣物，可以于处理之前在色素色斑处预先点浸1：100的中性洗涤剂。

（2）每次点浸双氧水后必须将原有多余药剂清洗干净。

（3）色素色斑比较严重时，需要进行多次点浸处理，不可操之过急。

（4）进行处理的部位不应该带有金属附件。

8.双氧水去除白色衣物的顽固色斑

适用衣物及面料的范围

（1）可用于各种纺织纤维织造的面料。

（2）面料的颜色必须是漂白色，绝不可用于有颜色的面料，也不可用于本白色或极浅色面料。

（3）经过多种氧化剂、还原剂漂色处理未取得效果的面料。

（4）可以承受较高温度处理的衣物。

适用于以下衣物：漂白色的衬衫、T恤、裤子、裙子、夹克、风衣、运动服、中小学生制服等；漂白色卧具、窗帘、垫套等家居用品；漂白色合成纤维面料的防寒服、羽绒服等。

适用颜色污渍的范围：

（1）由掉色衣物脱落的各种染料所形成的色斑。

（2）各种顽固的天然色素类颜色形成的色斑。

（3）文化用品中红、蓝墨水或彩色笔的颜色污渍形成的色斑。

（4）不包括锈迹、颜料类污渍和固体颗粒型的色迹。

使用条件：

（1）采用对顽固色斑局部处理的方法。

（2）使用较高温度的氧化剂漂白。

（3）需要处理的部位无金属附件。

（4）处理后必须把衣物彻底漂洗干净。

操作方法：

（1）把原有30%的工业双氧水稀释至5%～10%备用。

（2）将上述稀释后的双氧水滴在顽固的色斑处。

（3）双氧水充分渗透后，垫上一层洁净的棉布，使用100～110℃的熨斗熨烫。

（4）彻底清洗残余药剂。

注意事项：

（1）进行处理的部位不应该带有金属附件。

（2）仅限于漂白色衣物。

9.保险粉漂除白色衣物的色迹

适用衣物及面料的范围：

（1）适用于各种纺织纤维织造的纺织品。

（2）仅限于各种类型的白色面料。

（3）结构较为简单，无皮革、毛皮等装饰物，可以承受较高温度处理而不发生抽缩变形的衣物。

适用于以下衣物：白色的衬衫、T恤、裤子、裙子、夹克、风衣、运动服、中小学生制服等；白色卧具、窗帘，垫套等家居用品；白色合成纤维面料的防寒服、羽绒服等。

适用颜色污渍的范围：

（1）由掉色衣物脱落染料形成的各种串色、搭色沾染。

（2）文化用品中红、蓝墨水或彩色笔的颜色污渍。

（3）各种类型的天然色素类颜色渍迹。

（4）不包括锈迹、颜料类污渍和固体颗粒型的色迹。

使用条件：

（1）采用对衣物进行整体处理的方法。

（2）使用较高温度和中等浓度保险粉进行处理。

（3）以手工拎洗操作为主。

操作方法：

（1）准备浴比1∶（15～20）的90℃以上的热水。

（2）加入25～30克保险粉，搅匀。

（3）将被处理衣物在上述保险粉溶液中反复拎洗2～3分钟。

（4）观察处理结果，颜色污渍清除后立即进行漂洗。

（5）室温清水，漂洗3～4次，每次拎洗不少于2分钟。

（6）脱水、晾干。

注意事项：

（1）保险粉应未受潮，保持白色干燥流动性状态。

（2）把保险粉加入准备好的热水中溶解，不可使用热水冲化保险粉。

（3）衣物上无有色附件、配件。

10.保险粉漂除印花及色织面料的泅色、串色

适用衣物及面料的范围：

（1）适用于各种纺织纤维织造的色织面料和印花面料。

（2）由自身染料脱落造成串色、泅色等颜色沾染的面料。

（3）结构较为简单，无皮革、毛皮等装饰物，可以承受较高温度处理不发生抽缩变形的衣物。

适用于以下衣物：各种颜色的色织、印花衬衫、T恤、裤子、裙子、夹克、风衣、运动服以及中小学生制服等；色织印花的卧具、窗帘、垫套等家居用品。

适用颜色污渍的范围：

（1）色织、印花面料自身染料脱落造成的串色、泅色等颜色沾染。

（2）不太严重的文化用品类彩色笔迹。

使用条件：

（1）采用对衣物进行整体处理的方法。

（2）使用较高温度和中等浓度保险粉进行处理。

（3）以手工拎洗操作为主。

操作方法：

（1）准备60℃左右的热水，浴比1∶（15～20）。

（2）加入中性洗涤剂1～2毫升。

（3）加入保险粉2～3克，搅匀。

（4）将被处理衣物在上述保险粉溶液中反复拎洗2～3分钟。

（5）观察处理结果，如果颜色污渍已经清除，立即进行清水漂洗；如果颜色污渍仅有部分清除，仍然残留比较明显的色迹，适当追加1～2克保险粉后，继续进行漂色操作，直至色迹清除。

（6）终止处理后立即进行清水漂洗。

（7）室温清水，漂洗3～4次，每次拎洗不少于2分钟。

（8）酸洗：室温清水中加入冰醋酸（5～10毫升/件衣物），拎洗3～5次，浸泡2～3分钟。

（9）脱水、晾干。

注意事项：

（1）进行漂色处理时，为避免使底色损伤，注意随时观察处理结果，及时终止漂色处理。

（2）保险粉应未受潮，保持白色干燥流动性状态。

（3）把保险粉加入准备好的热水中溶解，不可使用热水冲化保险粉。

11.保险粉漂除羊皮垫子白色毛被的退行性黄色

适用衣物及面料的范围：

（1）白色或浅色绵羊皮或羊剪绒裸皮垫子。

（2）无较深颜色的皮毛拼块或其它附件。

适用于以下衣物：白色或浅色绵羊皮或羊剪绒裸皮垫子；其它干洗后发黄的白色毛皮制品。

适用颜色污渍的范围：

（1）经过四氯乙烯干洗后的毛被发黄。

（2）经过较长时间贮存后的白色毛皮制品风化性发黄。

使用条件：

（1）手工小心处理。

（2）严格控制操作过程中的水分。

操作方法：

冷水法操作方法如下。

（1）已经经过干洗的白色羊皮垫子备用。

（2）使用30℃以下温水溶解3%～5%的保险粉溶液。

（3）使用刷子蘸上述保险粉溶液，刷拭黄色毛被，使毛被保持湿润（不可出现沥水）。

（4）在毛被上盖上干燥的棉布。

（5）使用低温蒸汽熨斗隔棉布进行熨烫。

（6）使用清水湿毛巾反复擦拭毛被，清除残余药剂。

（7）晾干。

热水法操作方法如下。

（1）已经经过干洗的白色羊皮垫子备用。

（2）使用90℃以上热水溶解3%～5%的保险粉溶液。

（3）采用干燥的干净毛巾饱蘸上述保险粉溶液，挤干多余水分。

（4）立即反复擦拭毛被的黄色部分，擦拭后覆盖干燥的棉布，停放片刻。

（5）如果效果不大明显，可以重复上述操作。

（6）使用清水湿毛巾反复擦拭毛被，清除残余药剂。

（7）晾干。

注意事项：

（1）无论何种方法都不可使保险粉溶液沾染皮板。

（2）多余药剂必须彻底清除。

12. 保险粉去除白色衣物的顽固色斑

适用衣物及面料的范围：

（1）适用于各种纺织纤维织造的白色面料。

（2）经过各种漂色方法未能取得效果的面料。

（3）无皮革、毛皮附件与配件。

（4）被处理部位无其它颜色拼块。

适用于以下衣物：漂白色的衬衫、T恤、裤子、裙子、夹克、风衣、运动服、中小学生制服等；漂白色卧具、窗帘、垫套等家居用品；漂白色合成纤维面料的防寒服、羽绒服等。

适用颜色污渍的范围：

（1）由掉色衣物脱落的各种染料所形成搭色沾染的色斑。

（2）各种顽固的天然色素类色斑。

（3）文化用品中红、蓝墨水或彩色笔的颜色污渍形成的色斑。

（4）不包括锈迹、颜料类污渍和固体颗粒型的色迹。

使用条件：

（1）采用对顽固色斑局部处理的方法。

（2）使用较高温度的还原剂漂白。

（3）处理后必须把衣物彻底漂洗干净。

操作方法：

（1）使用不超过40℃的温水配制5%～8%的保险粉溶液备用。

（2）将上述保险粉溶液滴在色斑处。

（3）保险粉溶液充分渗透后，垫上一层洁净的棉布，使用100～110℃的熨斗熨烫。

（4）色斑清除后充分清洗残余药剂。

（5）脱水、晾干。

注意事项：

本办法仅限于漂白色衣物，不可用于有颜色的衣物。

13.中性洗涤剂剥除羊毛衫、羊绒衫串色、搭色

适用衣物及面料的范围：

（1）各种白色、浅色以及中浅色羊毛衫、羊绒衫。

（2）衣物本身无对比色、拼色部分。

（3）无绣花和其它装饰物。

适用于以下衣物：白色、浅色和中浅色羊毛衫、羊绒衫、毛衣、毛裤等；印花或条格羊毛衫、羊绒衫、毛衣、毛裤等；白色、浅色羊毛针织外衣、针织毛裙等。

适用颜色污渍的范围：

（1）由掉色衣物脱落染料形成的各种串色、搭色沾染。

（2）文化用品中红、蓝墨水或彩色笔的颜色污渍。

（3）不包括锈迹、颜料类污渍和固体颗粒型的色迹。

使用条件：

（1）采用对衣物进行整体处理的方法。

（2）使用较高温度和较高浓度中性洗涤剂处理。

（3）以手工拎洗操作为主。

操作方法：

（1）将衣物洗涤干净、脱水后备用。

（2）使用80℃热水配制中性洗涤剂（10～15毫升/升水），浴比1∶15。

（3）手工拎洗3～5分钟。

（4）注意观察处理结果，颜色污渍清除后即可终止处理。

（5）室温清水漂洗不少于3次，每次拎洗2～3分钟。

（6）酸洗：2～3克/升水，手工拎洗2～3分钟。

（7）脱水、晾干。

注意事项：

（1）如果衣物本身带有较深颜色拼块或绣花装饰，不宜使用本方法。

（2）操作中注意手提部位要准确，用力均匀，防止衣物变形。

14. FORNET中性洗涤剂剥除纯棉衣物的串色、搭色

适用衣物及面料的范围：

（1）白色、浅色的单色、色织和印花纯棉绒布，纯棉条绒布，以及组织较为粗疏的棉布，棉混纺布。

（2）纯棉针织内衣、内裤、T恤、衬衫等。

适用于以下衣物：白色、浅色纯棉衬衫、夹克、风衣，纯棉休闲衣裤；白色、浅色纯棉、棉混纺针织衣物等。

适用颜色污渍的范围：

（1）由掉色衣物脱落染料形成的各种串色、搭色沾染。

（2）文化用品中红、蓝墨水或彩色笔的颜色污渍。

（3）不包括锈迹、颜料类污渍和固体颗粒型的色迹。

使用条件：

（1）采用对衣物进行整体处理的方法。

（2）使用较高温度和较高浓度中性洗涤剂处理。

（3）以手工拎洗操作为主。

操作方法：

（1）将衣物洗涤干净、脱水后备用。

（2）使用80℃热水配制中性洗涤剂（10～15毫升/升水），浴比1：15。

（3）手工拎洗3～5分钟。

（4）注意观察处理结果，颜色污渍清除后即可终止处理。

（5）室温清水漂洗不少于3次，每次拎洗2～3分钟。

（6）酸洗：2～3克/升水，手工拎洗2～3分钟。

（7）脱水、晾干。

注意事项：

（1）如果衣物本身带有较深颜色拼块或绣花装饰，不宜使用本方法。

（2）操作中注意手提部位要准确，用力均匀，防止衣物变形。

15. FORNET 中性洗涤剂剥除真丝衣物的串色、搭色

适用衣物及面料的范围：

（1）桑蚕丝、柞蚕丝织造的白色、浅色素色织物。

（2）桑蚕丝、柞蚕丝织造的白色、浅色针织织物。

适用于以下衣物：素色衬衫、T恤、休闲衣裤、家居纺织品等。

适用颜色污渍的范围：

（1）由掉色衣物脱落染料形成的各种串色、搭色沾染。

（2）文化用品中红、蓝墨水或彩色笔的颜色污渍。

（3）不包括锈迹、颜料类污渍和固体颗粒型的色迹。

使用条件：

（1）采用对衣物进行整体处理的方法。

（2）使用较高温度和较高浓度中性洗涤剂处理。

（3）以手工拎洗操作为主。

操作方法：

（1）将衣物洗涤干净、脱水后备用。

（2）使用80℃热水配制中性洗涤剂（10～15毫升/升水），浴比1：15。

（3）手工拎洗3～5分钟。

（4）注意观察处理结果，颜色污渍清除后即可终止处理。

（5）室温清水漂洗不少于3次，每次拎洗2～3分钟。

（6）酸洗：2～3克/升水，手工拎洗2～3分钟。

（7）脱水、晾干。

注意事项：

（1）衣物不能带有较深颜色拼块或绣花装饰。

（2）操作中注意手提部位要准确，用力均匀，防止衣物变形。

16. 西施SEITZ · Colorsol（棕色）去渍剂去除小范围色迹

适用衣物及面料的范围：

（1）白色、浅色或色织、印花纯棉、棉混纺面料。

（2）白色、浅色或色织、印花化纤、化纤混纺面料。

适用于以下衣物：各种类型服装。

适用颜色污渍的范围：

（1）由掉色衣物脱落染料形成的小面积搭色、洇色沾染。

（2）文化用品中红、蓝墨水或彩色笔的小面积颜色污渍。

（3）不包括锈迹、颜料类污渍和固体颗粒型的色迹。

使用条件：

（1）使用去渍剂在去渍台上进行局部处理的方法。

（2）不可加热。

操作方法：

（1）将衣物洗涤干净备用。

（2）在色迹处滴上西施SEITZ · Colorsol（棕色）去渍剂。

（3）停放15～25分钟。

（4）观察去渍效果，如果色迹还有残余可以重复上述操作。

（5）彻底清洗残余药剂。

注意事项：

（1）去渍过程时间较长，不可操之过急，需要耐心等待。

（2）残余药剂必须彻底清除。

17. FORNET 去油剂去除油溶色素

适用衣物及面料的范围：

（1）餐饮业使用的白色、浅色纯棉台布、口布、厨师工作服。

（2）其它白色、浅色纯棉、棉混纺休闲衣物。

适用颜色污渍的范围：

由溶于油脂中的各种动植物色素形成的颜色污渍，如辣椒、番茄、虾、蟹等形成的油脂性色素。

使用条件：

（1）衣物经洗涤、漂洗后立即使用。

（2）彻底清洗残留药剂。

操作方法：

（1）将去油剂滴在动植物油溶色素污渍上。

（2）片刻后进行水洗即可。

注意事项：

（1）不可用于醋酸纤维织物。

（2）织物组织致密的面料须多次反复操作。

第五章　去渍实例140则

一、人体分泌物渍迹

1.人体皮脂渍迹

人类皮肤会自然分泌一些油脂类物质，用以滋润和保护皮肤，称为人体皮脂。由于人群中的性别差异、种族差异和个体差异，油脂的分泌量不尽相同。油性皮肤人群油脂的分泌量可能是干性皮肤人群油脂分泌量的数十倍。为此，在一些人的衣物上基本见不到皮脂渍迹，而有一些人的衣物只需穿上一两天就有明显的皮脂渍迹。

单纯性的皮脂比较少见，大多数会混有环境飘尘和汗水，多数在领口、袖口等处，个别人（多数为男性青壮年）还会在胸前和后背体毛较为丰密处产生较多皮脂，从而使贴身衣物的相关部位有可能沾有皮脂渍迹。

领口、袖口的皮脂由于经常混有汗渍和飘尘，所以可以一并考虑。在没有特殊污垢的情况下，使用衣领净作预处理后进行水洗就可以有效去除，一般无须按照去除油渍的方法去渍。比较浓重的皮脂渍迹可以先进行水洗，然后再进行去油，或通过干洗去除油渍。特别严重的皮脂渍迹往往会留下黄渍，这时需要同时使用去除油性渍迹和去除蛋白质渍迹的去渍剂处理。如：FORNET去油剂、克施勒Krcusslcr·C或西施SEITZ·Lacol（紫色）去渍剂等加上克施勒Krcusslcr·B或西施SEITZ·Blutol（红色）去渍剂。

2.汗渍

汗渍内含有人体皮脂、含氮物质、盐分等。衣物上的汗渍干燥之后有圈状涸迹，中心颜色较浅，边界颜色较深，在白色衣物上则显现为黄色到浅棕色。汗渍中绝大多数成分是水溶性的，必须通过水洗才能彻底洗净。

处理汗渍衣物最为重要的是要充分在冷水中浸泡，千万不可在开始洗涤时就使用热水。严重的汗渍可以多次更换清水浸泡，直至浸泡的水不再显现黄色为止。洗涤时最好使用温水和加酶洗衣粉，必要时还可以提高洗涤温度并且加入一定量的双氧水。一般汗渍通过这种洗涤方式大都能够洗涤干净。一些衬衫和T恤类衣物往往会在领口、腋下等处留有较为浓重的汗黄色。这需要进行单独处理，具体方法如下：① 在洗净、脱水后的衣物上涂抹一层淡淡的食盐粉；② 待食盐大都溶解后再涂抹稀释后的氨水（一份氨水加入两份清水）；③ 最后使用清水彻底漂洗干净。（注意：这种方法不可用于蚕丝和毛纤维织物。）

最为严重的汗黄渍迹还可以使用80℃热水加60 ～ 80毫升双氧水进行处理。但是这种方法仅限于在全棉、涤棉类的白色或浅色衣物上使用。其它衣物可以使用克施勒Krcusslcr·B或西施SEITZ·Blutol（红色）去渍剂。

3.血渍

衣物上面沾染了血渍以后最好尽快洗涤，存放得越久，洗涤就越困难。血液中含有多种物质，目标去除物主要是蛋白质和铁盐。由于血液中的血浆、血细胞等蛋白质类物质受热会凝固，从而牢固地结合在织物上，所以沾上血渍后切忌使用热水冲烫。几乎所有的血渍都需要先使用冷水浸泡，或使用清水预洗。当血渍中大多数水溶性成分洗掉之后再使用洗涤剂洗涤，可以使用温水和加酶洗衣粉进行洗涤。如果还留有黄色的残余渍迹，可以使用去除铁锈的去渍剂（如FORNET

去锈剂）去除。

衣物上的血渍如果不适宜进行水洗，就需要在去渍台上使用清水把其能够溶于水的大部分去掉。经过清水充分处理，血渍的大部分都会脱落，一般情况下只留下淡黄色的斑痕和红褐色的圈迹。这时可以使用去除蛋白质的去渍剂进行去渍，如克施勒Krcusslcr·B，也可以使用西施SEITZ·Blutol（红色）去渍剂去除。如果最后还留有黄色渍迹，仍然可以使用去除铁锈的去渍剂去除。在去除血渍的全过程中尽量不要使用蒸汽加热，避免蛋白质固着在面料上。比较顽固的血渍去除是需要时间的，可以反复使用清水和去除蛋白质的去渍剂，不要过多地加大机械力，即尽量避免使用刮板用力刮或使用去渍刷用力刷。

4.月经血渍

月经血的渍迹比一般血渍的成分更为复杂，因此更难去除。但是这类渍迹大多数放置的时间不会太久，而且被沾染的衣物多是内衣或卧具，因此，多数可以采用较为强劲的洗涤手段。织物沾染月经血渍后呈发硬状态，红棕色或棕褐色，有特殊气味，对纺织品的颜色有腐蚀性。这类血渍含有纤维朊、蛋白质、铁、钙、脂肪等，同时也混有其它性腺类分泌物。洗涤时必须采用水洗，其洗涤过程和其它血渍基本上没有区别，切忌首先使用热水。经过充分水洗之后再进行去渍。但是在去渍过程中需使用去除蛋白质的去渍剂，如克施勒Krcusslcr·B，也可以使用西施SEITZ·Blutol（红色）去渍剂去除。在蛋白质类渍迹去除后，还会留有黄色的铁盐渍迹，其需要使用去除铁锈的去渍剂去除。最后，使用清水将多余的残药成分洗净。

一些带有颜色的卧具或内衣类衣物，往往因为这类渍迹发生掉色现象，为此不宜采用去渍处理。可以在使用清水充分浸泡以后，使用碱性洗衣粉和彩漂粉或双氧水（用量：2～3克/升）洗涤。洗涤前半程温度为40～50℃，后半程则为70～80℃，然后漂洗干净即可。

5.奶渍（人乳）

人乳富含脂肪、蛋白质以及多种氨基酸。去渍时以脂肪和蛋白质为主要目标。切记不可先进行干洗或使用热水浸泡，否则将使其成为不易洗涤干净的顽渍。沾染人乳渍迹的衣物大多数是哺乳期妇女或婴儿衣物，大多数顾客会在送衣时说明。总体讲，这类衣物适宜水洗而不宜干洗。实际上，人乳渍迹比牛奶渍迹还要难以去除。从表面看，约为淡黄色到白色、略微发硬的渍迹，用指甲刮擦时可见发白的痕迹，有类似酸奶的气味。处理人乳渍迹时首先使用清水进行洗涤，浅色衣物还可以经 5 ～ 10 分钟浸泡后进行清水洗涤。待表面乳渍多数溶解后，再使用洗涤剂洗涤。最后余下的残渍可以使用克施勒 Krcusslcr·B 去除，也可以使用西施 SEITZ·Blutol（红色）去渍剂去除。经去渍处理后再进行水洗。

如果人乳渍迹沾染在外衣或不宜采用水洗洗涤的衣物上面，则应该在去渍台上进行局部处理，完成上述清水处理和去渍的过程之后，再进行干洗。

6. 口水渍迹（口涎渍迹）

口水渍迹多数是婴幼儿或病人的排出物，在深色衣物上时一般不大容易被发现，但是在浅色衣物上，尤其是白色衣物上，则成为清晰的渍迹。此外在一些人的枕巾、被罩或被头等处亦有可能有类似的口水渍迹，这是由健康状况不佳或在睡眠时打鼾所致。口水渍迹属于有色、无形的渍迹，多数为灰色，少量带有黄色。这类渍迹只适合水洗，不宜干洗，尤其不宜在一开始就干洗洗涤。最好先使用冷水充分浸泡，然后在 40 ～ 50℃温水中使用加酶洗衣粉洗涤。重点部位还可以滴上一些氨水并涂抹肥皂搓洗一下。经这样洗涤后，大多数口水渍迹可以洗净，少数比较顽固的口水渍迹则需要使用去除蛋白质的去渍剂去除，可选用克施勒 Krcusslcr·B，也可以使用西施 SEITZ·Blutol（红色）去渍剂。经去渍处理后再进行水洗。

7. 呕吐物渍迹

呕吐物的成分是比较复杂的，但是有一个共性：绝大部分为水溶性的。所以不论什么样的衣物上沾染了呕吐物，都必须先使用水将呕吐物的表面部分洗掉，必要时需要使用洗衣刷刷洗。如果衣物的面料或结构不宜使用水洗，也要采取局部洗涤的方法将表面的呕吐物清洗掉，或在去渍台上使用清水喷枪及风枪交替处理将表面呕吐物清掉。切忌不管不问就进行干洗。

在使用清水去除呕吐物之后，再考虑使用其它去渍剂。呕吐物中的大多数为淀粉类和蛋白质类，油脂类已经在成分上有所改变，不必过多考虑。一般情况下，这样处理之后就可以进行正常洗涤了。如衣物上面还有其它污垢或渍迹，当然也要进行相应的处理。

如果沾染了呕吐物的衣物适宜水洗，则可以使用加酶洗衣粉洗涤。注意要使用40～50℃的温水，还需要10～15分钟的浸泡，也能很有效地去除呕吐物。

残存的呕吐物渍迹则需要使用去除蛋白质的去渍剂清除，如克施勒Krcusslcr·B，也可以使用西施SEITZ·Blutol（红色）去渍剂去除。最后使用清水将多余的残药成分洗净。

8.尿渍

尿渍大多数滞留在卧具、婴幼儿衣物以及患病的老人衣物上。污渍外缘形状不规则，黄色到棕色，有气味，湿润时气味更重。由于年龄及体质的不同，尿渍可能呈弱酸性或弱碱性，为此，陈旧性尿渍有可能将衣物浸蚀腐烂。含有尿渍的衣物首先需要使用大量清水浸泡，甚至可以多次重复浸泡，尽可能将渗透在织物的尿渍泡掉。切忌在开始时使用热水冲泡。在洗涤时可以使用一般碱性洗衣粉，也可以选择加酶洗衣粉，还可以适当加入一些氨水（1～2克/升）。重点尿渍处则需要使用去除蛋白质的去渍剂进行处理。具体方法、选用药剂以及操作过程都可以参照汗渍的去除方法。

9.粪便

粪便也和尿渍一样，大多数滞留在卧具、婴幼儿衣物或患病老年人衣物上，以黄色为主。由于大多数粪便渍迹不会残留较长时间，所以都能够做到及时清洗。但是往往会有残留的黄色渍迹不能彻底清除，需要进行专门处理。粪便的成分复杂，但是目标去除物主要是蛋白质类和黄色色素（以胆红素为主）。基本原则也是在开始洗涤时不宜使用热水，经过充分的清水洗涤后，再使用洗涤剂洗涤。最后，可以使用双氧水处理（用量2～3克/升，温度70～80℃，采用拎洗方法处理，时间 2 ～ 5 分钟左右）。按照这个顺序进行处理，多数能够达到满意效果。

哺乳期婴儿的尿布经常会残留粪便，也应该采用这种方式洗涤，可以使尿布保持较长时间的洁白、清爽。

如果婴儿粪便不小心沾染到外衣上，则需要在洗涤之后进行去渍。可选用去除蛋白质的去渍剂清除，如克施勒 Krcusslcr · B，也可以使用西施 SEITZ · Blutol（红色）去渍剂去除。

10. 脓血、淋巴液

人总会生病或受外伤，机体产生的脓血、淋巴液很容易沾染到衣物或家居纺织品上面。这类渍迹的目标去除物仍然是以蛋白质为主要成分。但与其它人体蛋白质渍迹有些不同，除有可能沾染在内衣、内裤、卧具等以外，还有可能沾染在外衣或夏季衣物上，如丝绸衬衫、裙子等。也就是说，沾染的对象要广泛一些。为此在去除的过程中要从全面考虑。洗涤方法基本上是相同的，但如果衣物是由蚕丝制成或是毛纺织品，则需要小心谨慎。因为蛋白质纤维对于去除蛋白质渍迹的去渍剂是非常敏感的，这类去渍剂有可能伤及蛋白质纤维，从而形成去渍损伤。洗涤过程也要考虑面料的属性，要使用中性洗涤剂，颜色较为鲜艳或浓重的要防止掉色等。

如果这类渍迹中含有血渍，就要按照去除血渍的方法处理。

11. 性腺排泄物渍迹

不管男人还是女人，排出性腺分泌物都是正常的。由于每个人在不同时期健康状况的差别，排出物也会有所差别。除有可能沾染在家居卧具类纺织品上面以外，大多位于内裤、腹带或衬裙的里层，表面呈白色或浅黄色，微硬，有特异气味。虽然成分因人体健康状况而异，但是仍然是以蛋白质类物质为主。去除这类渍迹时使用清水充分洗涤是必不可少的，当然不可以首先使用热水。比较轻微的可以使用衣领净进行预处理，然后水洗。严重的则可以使用加酶洗衣粉，再加入双氧水或彩漂粉（用量：2 ～ 3 克/升）洗涤。在洗涤的前半程温度为40～50℃，后半程则需提高温度到70～80℃。

少量沾染在外衣上的这类渍迹可以使用去除蛋白质的去渍剂去除，可以选用克施勒Krcusslcr·B，也可以使用西施SEITZ·Blutol（红色）去渍剂。

由于性腺分泌物有可能表现为较强的酸性或碱性，因此性腺分泌物在衣物聚集处的颜色往往会有脱落现象，这是正常的，在收衣时应向顾客说明。

12.鼻涕、痰液渍迹

鼻涕、痰液类渍迹多出现在儿童上衣翻领或袖口处，在老年病人衣物上面也有可能出现。表面颜色灰淡，有时有些发硬，大多数呈不同的灰色，用指甲刮擦可使渍迹颜色变浅，甚至有粉状物脱落。如果衣物经过干洗，仅仅使用清水刷拭或使用清水喷枪打掉即可。如果对衣物进行水洗，则可以使用温水、碱性洗衣粉或加酶洗衣粉洗涤，重点部位需要使用洗衣刷刷拭。

如果儿童的鼻涕沾染在成年人的外衣上，而这件外衣又是浅色的时候，有时仅凭水洗还是不能彻底洗净，就需要进行专门的去渍处理。可以选用克施勒Krcusslcr·B，也可以使用西施SEITZ·Blutol（红色）去渍剂。

二、菜肴汤汁类食品渍迹

1.蛋白质渍迹

狭义的蛋白质渍迹是指由禽蛋类的蛋清形成的渍迹，也包括一些以蛋清制作的食品渍迹。广义上讲，蛋白质渍迹指含有各种蛋白质成分的食品渍迹，它们来源于禽蛋类、血及血制品、奶制品、肉类食品、冰淇淋或其它含蛋白质的食物。大多数食品渍迹中都可能含有蛋白质。这类渍迹往往还含有油脂以及一些糖类、盐分等。色泽多变，而黄色或棕黄色的比例较大，有的还伴有较硬的残留物。

蛋白质渍迹在衣物上残留的形式也有两种，一种为蛋清类型的蛋白质，另一种为溶解型蛋白质。它们都可以用水溶解；在碱性较强的洗涤剂中容易洗净；但是它们都会遇热凝固。所以，不论什么样的蛋白质渍迹都应该首先考虑使用清水洗涤，都不宜首先使用热水。干洗则不能有效去除蛋白质渍迹。所以，洗涤蛋白质渍迹的基本程序是：① 清水充分浸泡；② 加酶洗衣粉洗涤；③ 去渍处理。

面积较大的蛋白质渍迹经过清水浸泡以后，可以加入双氧水或彩漂粉洗涤，也能取得比较好的效果。

2.食品类油脂渍迹

各种食品当中大多数都会附着一些油脂，油炸食品则更为典型。食品类油脂渍迹中单纯性的油脂不多，常常会伴有一些其它成分。因此处理这类渍迹时就应该同时把其它成分考虑进去。如：其中可能含有糖类、盐分、蛋白质、淀粉以及色素等。在食品类油脂渍迹中又以各种含油的菜肴汤汁最为普遍，在洗衣店顾客衣物上沾有这类油渍的衣物比例最高，所以用以去除油渍的去渍剂是各个洗衣店必备的。能否将这类渍迹彻底去除也就成了衡量一家洗衣店技术水平的尺子。

食品类油脂渍迹有可能沾染在各种衣物上，从理论上讲，以干洗方式洗涤是最为有效的。但是，实际上由于单纯性油脂渍迹所占比例较低，在洗涤这类衣物时需要认真分析共存的其它成分，基本上可以有下面几种模式。

（1）单纯性油脂渍迹。这是油脂渍迹中最简单的。如滴落在衣物上的食物油，食用油炸食品时沾染在衣物上的油脂等。这种渍迹可以在洗前去渍，然后水洗或干洗；也可以直接干洗。

（2）沾染在内衣、卧具上面的油脂渍迹。其应该采用水洗洗涤。需要使用去除油性渍迹的去渍剂先行去渍，然后洗涤。

（3）沾染在羊毛衫、羊绒衫、衬衫、T恤、休闲裤类衣物上的油脂渍迹。其可以采用干洗，也可以采用水洗。最好在洗涤之前进行去渍处理。如果采用干洗，则在去渍之后将去渍剂清洗干净，再进行干洗。浅色的羊毛衫、羊绒衫去渍后采用手工水洗，然后进行柔软整理，效果可能更好。当然，如果洗衣店具有湿洗条件，去渍后采用湿洗效果更佳。

（4）沾染在外衣类衣物上的油脂渍迹。使用去渍剂先进行去渍，然后干洗。

去除油脂渍迹的去渍剂种类比较多，现把常见的去除油脂的去渍剂按其去渍能力的强度（从弱到强）排列如下：

① 克施勒 Krcusslcr·C ；

② 西施 SEITZ·Lacol（紫色）去渍剂 ；

③ FORNET 去油剂 ；

④ 威尔逊 TarGo。

需要说明的是，它们虽然都是去除油脂渍迹的去渍剂，但去渍能力差别很大。其副作用也各不相同。克施勒 Krcusslcr·C 柔和安全，副作用小，但速度较慢；威尔逊 TarGo 力度最强，去渍效果显著，但副作用也比较大。使用中要有一个摸透各种去渍剂性能的适应过程。

（5）一些水洗衣物在干燥后有可能残余的一些单纯性油渍。这种情况可以使用溶剂汽油擦拭法去除。具体操作如下：

① 将衣物翻转，从背面进行去渍 ；

② 使用棉签或干净的布头蘸上溶剂汽油，擦拭油渍处 ；

③ 擦拭顺序是从周围到中心，外围尽量少用溶剂，中心适当多用 ；

④ 可以使用去渍台，也可以使用干净的布片垫在背面吸附溶解下来的油渍。

3.肉类渍迹

肉类渍迹又可以分成红肉类渍迹和白肉类渍迹，也就是含有各种调料的肉类渍迹和不含调料的肉类渍迹。此外，另有比较少见的生鲜肉类渍迹。这些肉类渍迹中含有蛋白质、脂肪、可溶性有机物、含氮物质、天然色素、盐类等，大多数有比较明显的刺激气味，在湿润的时候更为严重。这类渍迹的颜色可以从淡灰黄色到红棕色，大多数表面没有残留物。

这类渍迹在去除之前不能使用任何的加热手段。首先使用清水充分清洗，直到清水不能洗下任何污垢为止。如果污垢面积较大，可以使用碱性洗衣粉或加酶洗衣粉进行水洗，洗涤的后半程还可以加入彩漂粉或双氧水，具体用量为千分之二到千分之四。加入彩漂粉或双氧水之后可以适当提高温度到 60 ～ 70℃。如果衣物不适合水洗或不适合加热，则只能在去渍台上交替使用去除蛋白质和油脂的去渍剂去渍。需要注意的是，去渍之前仍然需要使用喷枪进行局部清水处理。

4.菜肴汤汁渍迹

在吃饭时很容易把含有油脂的菜肴汤汁洒在衣物上面，其中以衬衫、T恤、羊毛衫等最为常见。然而这些衣物洗涤之后往往其它地方都很干净，只有油污处留下棕黄色的斑点。当衣物的颜色比较浅的时候更使人感到非常讨厌。解决这类问题要从洗涤开始，上述大多数衣物可以采用水洗。其中羊毛衫、羊绒衫类衣物可以手工水洗，有条件的洗衣店最好采用湿洗。

包括鱼肉类成分的菜肴汤汁是这类渍迹的主流。除含有蛋白质、油脂类以外，还含有不同的天然色素、盐分、含氮物质甚至丹宁类物质。总体以水溶性污垢为主，目标洗涤对象为蛋白质和脂肪类渍迹。洗涤这类衣物最为重要的是不宜盲目地先行干洗，因为在干洗时可将混合在多种污垢中的油脂先行去除，从而使其它污垢失去了载体，并且在干洗烘干过程中渍迹承受了60℃的加热。因此首先进行干洗无异于把某些渍迹进行加强和固定，使去渍更为艰难。即使是应该进行干洗的衣物，也要先去除渍迹，切勿本末倒置。

菜肴汤汁最好在洗涤之前去除，先将去除油污的去渍剂，如西施SEITZ·Lacol（紫色）去渍剂、FORNET去油剂、西施SEITZ·V1、威尔逊TarGo等，涂抹在油污处，等待3～5分钟，无须进行其它处理直接进行水洗或湿洗。需要说明的是，涂抹去渍剂的衣物要进入含有洗涤剂的水中才会有效，否则在清水中经过稀释后，去渍剂去渍能力全部丧失。

有许多人习惯先洗涤后去渍，也是可以的。先经过水洗或湿洗，待衣物干燥之后再进行去渍处理。这种去渍方式需在去渍台上进行，选用的去渍剂和前述是一致的，但要彻底清除残药。

有时最后还会残留某些色素类渍迹，不能完全去掉。如果衣物可以进行水洗，可以使用双氧水整体下水处理，或是使用彩漂粉处理。如果衣物不适合水洗，就要在干洗后使用去除色迹的去渍剂，可选用西施SEITZ·Colorsol（棕色）去渍剂去除，也可以使用1∶1稀释的双氧水点浸法去除，最后要彻底清除残药。

5.番茄酱渍迹

沾到衣服上面的红色番茄酱特别显眼，洗不掉很是尴尬。怎样能够将番茄酱渍迹彻底洗净呢？常见的番茄酱渍迹有两种，一种是单纯的番茄酱，即未经加工的番茄酱；另一种是经过烹制的、含有一些油脂和其它调料的番茄酱。前者比较容易去除，后者要考虑油污部分。

先看一看其沾在什么样的衣服上面。

如果沾在白色衣物上面则是最简单的。第一步充分水洗，将表面残留物彻底洗净。水洗时要使用适合的洗涤剂；第二步使用含有1%～2%双氧水的热水（温度为70～80℃）拎洗3～5分钟，或是将20克保险粉溶在5～8升的80℃热水中进行还原漂白。具体选择要看面料的承受能力。

如果把番茄酱沾染在羊毛衫或羊绒衫上面，尤其是含有油脂的番茄酱，在去除的时候就要考虑衣物的承受能力和使用最为有效的方法。最好在洗涤前先进行去渍，正式去渍之前需要使用甘油（丙三醇）将渍迹润湿。方法是：将甘油滴在渍迹处等待片刻，待渍迹全部润湿后即可进行去渍。第一步使用TarGo、SEITZ·Lacol（紫色）去渍剂或FORNET去油剂对番茄酱的渍迹进行去除处理，滴入去渍剂3～5分钟之后，在去渍台上使用清水和冷风交替打掉。不是特别严重的番茄酱渍迹，大多数在这种情况下就可以去除了。如果还有残存的色迹，最后可将1：1清水稀释的双氧水滴在残余色迹处进行去除。去除后应彻底清除残药。

还需要注意的是，沾有番茄酱的衣物一定要在干洗前进行去渍，如果先行干洗，含有油脂的番茄酱渍迹就不容易洗涤干净了。

6.酱油渍

酱油是最常见的调味品，在使用时不小心就会沾染在衣物上。在许多菜肴当中也会使用酱油，所以在许多菜肴汤汁渍迹中酱油也是主角。因此，在酱油渍中有单纯性酱油渍和油脂性酱油渍。单纯性酱油渍是比较容易洗掉的，一般性的水洗可以去掉大部分单纯性酱油渍，残余的部分可以使用含有双氧水的热水浸泡或洗涤。不能下水洗涤的衣物可以在去渍台上处理，先使用清水多次反复地将酱油浮色充分打掉，然后再将经过1：1清水稀释的双氧水滴在渍迹处，慢慢清除残余色迹。

含有油脂的酱油渍应该在洗涤前去除，可以将 TarGo、SEITZ·Lacol（紫色）去渍剂或 FORNET 去油剂滴在渍迹处，等待 5 分钟左右，将衣物直接投入含有洗涤剂的水中水洗。如果要采用干洗，最好将去渍剂以及色迹在去渍台上清除干净以后再进行洗涤。

羊毛衫、羊绒衫类衣物应在干洗前去渍，干洗后油脂成分被溶解、洗涤干净，然而色素类的渍迹就不容易彻底洗净了。有条件的可以采用湿洗技术洗涤这类衣物，各方面效果都会不错。

7.辣酱油迹

辣酱油除含有大量酱油以外，还含有一些辣椒油类的成分。去除它的渍迹时可以参照上述酱油渍的方法。但是一定要考虑其中含有的油脂部分。最后残余的色素部分还可以使用 SEITZ·Colorsol（棕色）去渍剂去除。最后用清水彻底洗净残药。

8.辣椒油渍迹

在我国的不少地区，人们非常喜欢吃辣椒，南甜北咸、东辣西酸已经不能涵盖现代人的饮食口味。沾染了红色辣椒油的衣物屡见不鲜。而各个宾馆、酒店中沾满红色辣椒油的餐巾与台布比比皆是。怎样洗净这些红色辣椒油呢？

对于全棉纺织品、化纤与棉混纺的面料或是以化纤为主的面料，可以先使用碱性洗涤剂水洗干净之后，再使用去除油渍的去渍剂进行去渍。

上述衣物如果是白色纺织品直接采用含有氯漂剂的洗涤剂即可。如果是浅色纺织品还可以将彩漂粉（1～2 克/升水,70～80℃）或过氧化氢（1～2 克/升水，温度同彩漂粉）加入洗涤剂洗涤，也可以将辣椒油渍迹洗净。但是这两种洗涤方法都需要使用较高温度，多适于餐巾、台布类的纺织品。

对于需要进行干洗的衣物，最好先行去渍。可以使用 TarGo、SEITZ·Lacol（紫色）去渍剂，也可以使用 FORNET 去油剂。将去渍剂滴在辣椒油渍迹处，等待片刻后使用清水及冷风交替打掉即可。去除后再进行干洗。如果先进行干洗，则残余的色迹就比较难以去除了。

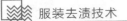

9.芥末酱渍迹

芥末作为调味品的历史比较悠久，它是将芥菜籽磨碎制成芥末粉后食用的，除有特殊的辣味以外，还有黄绿色的颜色。沾染在衣物上面的芥末酱，正是这种黄绿色的色迹，它是典型的天然色素。另外有一种原名叫"辣根"的调味品，俗称日本绿芥末，味道和食用方法都和一般芥末一样，只是绿颜色更重一些。家庭食用的芥末酱可以是自己使用芥末粉调制的，也可以是买来的成品。

沾染了芥末酱的衣物上面会有一个黄绿色的圈迹，一般面积不会太大。由于芥末酱中含有一定的油脂，所以往往在这种圈迹上也含有一些油渍。这种渍迹适于先进行去渍，然后再洗涤的模式。去渍时首先要看面料的情况，如果是棉麻类或棉麻与化纤混纺类面料，则可以使用较高温度和碱性洗衣粉洗涤，洗涤的过程中加入双氧水进行氧漂，能够比较简单地将芥末酱渍迹去除。如果是其它面料则可以使用SEITZ·Colorsol（棕色）去渍剂先行去渍，然后进行正常的干洗或水洗即可。一些不太严重的芥末酱渍迹也可以经过水洗之后再行去渍。方法是：洗涤之后将经过1∶1清水稀释的双氧水滴在渍迹处去除。但是这种方法的反应速度比较慢，甚至需要多次使用才能见效，而且每次使用之后还要把前次的去渍剂清洗掉，避免药剂积累腐蚀面料。

10.芥末油迹

芥末油是芥末籽的精油，是芥末类调味品的精制产品，食用效果与芥末酱相同。芥末油的渍迹却与芥末酱的渍迹有一些差别，其主要成分是油脂和天然色素。如果是可水洗的衣物，既可以洗前去渍，也可以洗后去渍。如果是需干洗的衣物最好在干洗前去渍。在去渍时可直接使用SEITZ·Lacol（紫色）去渍剂或FORNET去油剂。这两种去渍剂与水兼容，去渍后直接水洗即可。干洗前的去渍也可以使用上述去渍剂，但是去渍后需使用清水去除多余的去渍剂。

11.蛋黄酱迹

蛋黄酱即色拉酱、沙拉酱，主要成分是蛋黄和油脂，此外就是一些调味品。

较大量的蛋黄酱迹会有一些表面堆砌状的残余物，周围还会有油圈，形成黏性渍迹，可以经水泡软去除，然后再行去渍。

较轻的蛋黄酱迹涂抹一些去除油渍的去渍剂后直接水洗即可，可使用 SEITZ·Lacol（紫色）去渍剂或 FORNET 去油剂等。浓重的需要先行去渍然后洗涤。如果蛋黄酱沾染在只能干洗的衣物上，则需要使用去除油渍的去渍剂去渍后干洗。注意：不经过去渍直接干洗会使去渍变得复杂起来。一些颜色比较娇艳的真丝衣物沾染蛋黄酱后，有可能成为去除不掉的顽固渍迹。比较陈旧的蛋黄酱迹去渍后可能留有淡淡的黄色，则需要使用双氧水进行去除。具体方法是：用棉签将 1：1 稀释的双氧水点染在渍迹处。一般经过 15～25 分钟即可去除，然后清洗残药即可。较为严重的还可以重复上述操作。

12. 色拉油迹

国产色拉油多数由食物油精制而成，一般颜色较浅，可以按照一般油脂渍迹处理。单纯的色拉油只需使用汽油、四氯乙烯等溶剂即可去除。但是大多数色拉油可能含有其它成分，诸如蛋白质、淀粉、糖类、盐分等。含有色拉油的污渍存在时间比较长时容易被空气氧化，就会增加去渍的难度。

去除这类污渍时最好是先进行水洗，然后使用 Krcusslcr·B，也可以使用 SEITZ·Frankosol（黄色）去渍剂、SEITZ·Blutol（红色）去渍剂去除。如果是需要干洗的衣物可以使用上述去渍剂先行去渍，然后干洗。注意：去渍后应该将残药去除干净。

13. 咖喱渍迹

调味品咖喱是含有油脂的粉状物，有明显的辛辣味。衣物上的咖喱迹都是经过烹制后的菜肴汤汁，所以也会混有烹调油脂、蛋白质、淀粉以及一些盐、糖等调味品。其中咖喱的黄色是最为主要的渍迹。去除咖喱迹要先使用去渍剂将含有的油脂部分清除，可以选择 TarGo、SEITZ·Lacol（紫色）去渍剂和 SEITZ·Frankosol（黄色）去渍剂，或使用 FORNET 去油剂处理。残存的色素类渍迹可使用 SEITZ·Colorsol（棕色）去渍剂去除，也可以使用 1：1 双氧水去除。

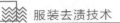

最后将残存的药剂去除干净即可。

14.姜黄渍迹

姜的黄渍大多与其它调料混合而成，极少单独形成渍迹，主要为黄色涸迹，多数可能含有油脂。去除的方法和需要注意的事项与咖喱渍迹相同。

15.蟹黄汤渍迹

螃蟹是多数人都喜欢的食物，在江浙和广东还流行多种食用方法。于是含有蟹黄的菜肴汤汁也就成了常见的污渍。洒在衣物上的蟹黄汤汁多数是黄色或灰黄色色迹，个别的也有橙黄色色迹，其主要成分是油脂和蛋白质以及脂性色素。如果沾有蟹黄的衣物是棉或棉混纺面料的，经过较高温度和添加碱性洗涤剂的水洗就能够去掉大部分蟹黄渍迹，然后再使用SEITZ·Frankosol（黄色）去渍剂和SEITZ·Blutol（红色）去渍剂去除即可。如果沾染了蟹黄渍迹的衣物不适合水洗，最好在干洗前使用上述两支去渍剂去渍。这是因为蛋白质类的渍迹经干洗过程中的烘干，就会牢固地固着在衣物上，更加难以去除。如果已经干洗完毕，使用上述去渍剂进行去渍就要花费较长时间。残余的色迹还可以使用经过1：1清水稀释的双氧水处理。具体操作可参照去除芥末渍迹的方法。

16.麻辣烫渍迹

麻辣烫、火锅的油汤是非常浓厚的汤汁，含有浓重的油脂、蛋白质、调料和色素，是食品类渍迹中最为顽固的污垢。如果是洒在台布、口布等上面，专业洗衣厂使用高温、强碱再加上氯漂等诸多手段，才能将其彻底洗净。如果洒在一般衣物上，如衬衫、T恤、羊毛衫、一般外衣等，就必须使用去渍剂进行去渍操作才能将它洗涤干净。沾有麻辣烫油汤的衣物最好采用水洗，洗前使用去除油性污垢的去渍剂如TarGo、SEITZ·Lacol（紫色）去渍剂和SEITZ·Frankosol（黄色）去渍剂进行预处理，使用FORNET去油剂处理亦可。

不能水洗的衣物，应该在干洗前进行预处理，先去渍然后再干洗。

17.肉卤汁渍迹

肉卤汁渍迹是指各种肉制食物或菜肴的汤汁，含有丰富的油脂、蛋白质，还含有盐、糖、各类色素等，是水溶性污垢和油性污垢的混合物。大多是黄到棕色，在衣物表面时有可能有一些发硬，使用指甲刮擦时渍迹颜色变浅，有时可有粉粒状物。这类渍迹如果在需要干洗的衣物上，一定要先去渍后干洗。如果采用水洗，不能使用热水。水洗的这类衣物可以先去渍，也可以后去渍。

去渍时可使用TarGo、SEITZ·Lacol（紫色）去渍剂和SEITZ·Frankosol（黄色）去渍剂，或使用FORNET去油剂。如果留有带颜色的残渍，还可以使用SEITZ·Colorsol（棕色）去渍剂。

18.鱼汤卤汁、鱼冻渍迹

鱼汤卤汁、鱼冻渍迹与肉卤汁渍迹基本上是一样的。这类渍迹的表面状态和气味都会有一些差别，但是其基本性质和去渍方法都比较相似。一般不适宜先进行干洗，如需干洗应先去渍。可以参照上述去除肉卤汁渍迹的方法操作。

19.鱼腥类黏液迹

在鱼类的表皮和各种内脏等处都有鱼腥类黏液，其本身大多数没有颜色，部分可能混有一些血渍。沾染到衣物上形成鱼腥类黏液迹，干燥后就会形成淡灰色渍迹，其主要成分为蛋白质。如果沾染在可以水洗的衣物上，在洗涤前可以先用水湿润，然后滴入一些衣领净类的预处理剂，等待片刻后进行水洗即可，这种方法能够将大多数鱼腥类黏液迹洗净。残余的渍迹使用SEITZ·Blutol（红色）去渍剂去除即可。如果衣物不适宜水洗，这类渍迹最好在洗涤前进行去渍，然后干洗。选用的去渍剂与水洗时去渍的一样。

20.蛋清、蛋黄渍迹

如果能够确认某种渍迹是蛋黄或蛋清渍迹，切勿一开始就使用热水洗，否则其会牢牢固着在衣物上，从而极难去除。在这类渍迹尚未干燥时可以直接滴入

SEITZ·Blutol（红色）去渍剂进行去除，能够获得很好的效果。大多数干涸的蛋清、蛋黄渍迹需要先用温水湿润一下，然后去除。当蛋黄的成分比较多时还需要使用去除油渍的去渍剂，如SEITZ·Lacol（紫色）去渍剂或FORNET去油剂等。去除后要彻底去除残药。

21.淀粉类渍迹

淀粉类渍迹是指米汤、面汤以及淀粉含量较大的汤类菜肴产生的渍迹。这类渍迹大多数表面为白色颗粒粉状，黏附在衣物表面有一些发硬的感觉，使用指甲刮擦后原有渍迹的颜色变浅或发白。这种渍迹不宜使用热水洗涤。最好是先使用冷水浸泡一定时间，然后水洗。残余的色素使用SEITZ·Colorsol（棕色）去渍剂或1：1双氧水去除。

不适宜水洗的衣物，也应该使用清水充分浸润，将淀粉渍迹清除后，再进行干洗。

三、饮料、酒水类渍迹

1.可可渍迹

可可作为食品或是饮料大都和牛奶以及奶油相关联，同时还会含有相当多的糖类或淀粉类食品添加剂。这种渍迹大都为浅棕色，含糖的可可渍迹还会有些发黏，干涸的、时间较长的很可能有些发硬，是非常典型的复合型渍迹，即：含有油脂、蛋白质、糖类、淀粉以及色素类污垢。去除可可渍迹需要兼顾这几个方面。该洗涤的衣物不论适宜水洗还是干洗，都需要先进行去渍处理，切忌盲目地先进行干洗，然后再考虑去渍。否则就会使各种污渍通过干洗固着在衣物上，反而极难去除。

渍迹去除时需要先进行水洗或使用清水浸润，然后使用去除油脂的去渍剂，如SEITZ·Lacol（紫色）去渍剂或FORNET去油剂等，最后再清除色素类渍迹。

2.柑橘汁类饮料渍迹

橘子、橙子以及柑子类水果的汁水是极有可能沾染到衣物上的。柑橘汁含有一些果酸、果糖、植物色素以及鞣酸类成分。初期颜色不会太深，经过空气的氧化，渍迹颜色逐渐加深，从黄色到棕色。这类渍迹受到干热后较易固着在纤维上。沾染的时间越长，渍迹就越牢固。

比较新鲜的柑橘汁渍迹还可以使用柠檬酸处理，将柠檬酸溶解成5%左右的水溶液，涂抹在渍迹处，就能去除。较为严重的还可以使用含1%～3%柠檬酸的水溶液浸泡。水温控制在40℃以下，浸泡时间约30分钟到2小时。浸泡过程中应该进行必要的翻动。

这类渍迹的主要成分都是水溶性的，基本上不含有油脂类污渍。所以去除时可以选择SEITZ·Frankosol（黄色）去渍剂和SEITZ·Blutol（红色）去渍剂。去渍后再进行干洗。如果是适宜水洗的衣物，也可以将彩漂粉加入洗涤液中进行水洗，或在洗涤液中加入双氧水进行洗涤。需要说明的是，使用彩漂粉或双氧水时洗涤温度需要保持在70～80℃，因此必须视衣物的承受能力决定。

3.可乐型饮料渍迹

可口可乐是全球销售量最大的碳酸饮料，棕色的液体已经成为一种饮料类型的标志。然而可口可乐洒在衣物上的色迹，也会比其它饮料显得浓重。可乐的颜色是由焦糖带来的，除此以外还有蔗糖、有机酸、单宁及其它成分。因此，可乐的渍迹主要是天然色素，经清水处理去掉糖类以后，在去渍时应以SEITZ·Frankosol（黄色）去渍剂和SEITZ·Cavesol（橙色）去渍剂为主。如果是白色或浅色纺织品还可以使用氧漂剂进行整体拎洗。不适合水洗的衣物，可先在去渍台上去渍然后干洗。干洗后的去渍效果不如在干洗前去渍的效果好。

比较新鲜的可乐渍迹还可以使用柠檬酸处理，将柠檬酸溶解成5%左右的水溶液，涂抹在可乐渍迹处，就能去除。较为严重的还可以使用含1%～3%柠檬酸的水溶液浸泡。水温控制在40℃以下，浸泡时间约30分钟到2小时。浸泡过程中应该进行必要的翻动。

4.茶水渍迹

茶水很容易洒在衣物上，往往也不会太在意。但是洒上茶水的衣物若是白色或浅颜色的，时间稍长就会出现灰黄色的渍迹。白色衣物可以使用低温、低浓度氯漂，或使用保险粉进行还原漂白。如果是浅色衣物就要认真进行去渍了。面积稍大的茶水渍迹可以使用彩漂处理（彩漂粉20～30克/件衣物；10～15倍的80℃热水；拎洗5～10分钟）；面积较小的茶水渍迹可以使用经过1∶1清水稀释的双氧水点浸处理，由于反应比较慢，需要耐心等待几分钟，然后使用冷水和冷风打掉。有的需要反复处理几次才能彻底去除。

不能水洗的衣物还可以使用去除鞣质的去渍剂，如SEITZ·Frankosol（黄色）去渍剂或SEITZ·Cavesol（橙色）去渍剂。

5.牛奶渍迹

牛奶渍迹是以脂肪和蛋白质为主的混合物，比较新鲜的牛奶渍迹很容易通过水洗洗涤干净，然而干涸的牛奶渍迹需要进行专门的去渍处理。只要没有经过高温处理的牛奶渍迹，都可以使用衣领净浸润之后水洗将其洗净。时间较长的牛奶渍迹可以使用SEITZ·Frankosol（黄色）去渍剂和SEITZ·Blutol（红色）去渍剂去除。最怕牛奶渍迹经过较高温度处理，经过高温处理的牛奶渍迹就会牢固地固着在纤维上，成为很难去除的渍迹。

准备干洗的衣物，最好先进行去渍。如果先进行干洗，烘干后的牛奶渍迹就会牢牢固着在纤维上，成为很难去除的顽固渍迹。

6.咖啡渍迹

咖啡渍迹的性质和茶水渍迹类似，含有一些鞣质和多种氨基酸类物质。咖啡渍迹也是棕色的，但要比茶水渍迹更重一些。由于饮用咖啡时往往会加入牛奶、糖等，因此咖啡渍迹的成分比茶水渍迹更为复杂。

咖啡渍迹去除适宜在洗涤之前进行，可以先用清水去除表面的浮垢，然后使用SEITZ·Frankosol（黄色）去渍剂和SEITZ·Cavesol（橙色）去渍剂。如果渍迹表面没有类似的油脂，经水处理后，也可以使用经过1：1稀释的双氧水，采用点浸法去除咖啡的色迹。

如果咖啡大面积地洒在台布等棉织品上，还可以使用氧漂或彩漂的方法洗涤，也能够有效地去除咖啡污垢和色迹。

7.果味饮料渍迹

果味饮料（汽水）和果汁饮料是完全不同的东西，尽管都有水果的味道和颜色，但是它们的成分组成有很大的差别。果汁饮料的颜色是天然色素形成的，而果味饮料的颜色多是人工合成色素形成的。所以，果味饮料的渍迹应该按照染料类的渍迹对待。首先采用水洗法将饮料中的糖类洗净；如果不能水洗，可以在去渍台上使用清水清除糖类。然后，采用氧化法（使用彩漂粉或双氧水漂除）去除色素。不能水洗的衣物在使用清水清除糖类以后，可以使用SEITZ·Colorsol（棕色）去渍剂去除残余的色迹。果味饮料的色素虽然属于食用染料，但是毕竟和纺织品使用的染料有很大区别，一般无须使用漂白剂处理。

8.植物蛋白饮料渍迹

植物蛋白饮料是近年来兴起的新型饮料，如椰子汁、杏仁露、花生饮、马蹄爽等。它们外观像牛奶，但各具特别风味。这类饮料如果洒在衣物上就形成了植物蛋白渍迹。它既不同于水果类型饮料，也不完全像牛奶。要特别指出的是，这类渍迹不要先进行干洗，在没有完全处理干净之前也不要熨烫。

去除这样的污渍时，首先进行水洗将表面污垢去掉，然后使用去除蛋白质渍迹的去渍剂去掉残余的渍迹。选用去渍剂时可使用SEITZ·Frankosol（黄色）去渍剂和SEITZ·Blutol（红色）去渍剂，也可以使用领洁净类的洗涤助剂。

9.红酒渍迹

这里所说的红酒，泛指各种葡萄露酒、红葡萄酒和一些含酒精带有红颜色的樱桃酒、草莓酒等果酒。

洒在衣服上的红酒会产生一片红棕色或黄棕色的渍迹，有的还会在渍迹周围渗出淡色圈迹。渍迹区域仔细触摸时还会比较硬一些，那是因为红酒中含有糖类和氨基酸。沾染了红酒时应该先采用水洗，将红酒的大部分洗掉，较陈旧的还可以滴入一些酒精。如果衣物不宜采用水洗，也应该在去渍台上将红酒部分使用清水彻底清洗，然后才可以去渍。如果盲目地先进行干洗，然后再进行去渍，困难会大得多。经过清水处理的红酒部分几乎只有色素了。可以根据衣物的情况分别进行处理。如果是全棉或棉混纺衣物，或是家居纺织品，机洗时，可采用碱性洗涤剂并适当提高洗涤温度，在洗涤的过程中还可以加入双氧水，直接将红酒的色素去掉。干洗的衣物经过润湿后可以使用SEITZ·Frankosol（黄色）去渍剂和SEITZ·Blutol（红色）去渍剂。

10.白酒渍迹

白酒是没有颜色的蒸馏酒，按照常理应该没有色素或者能够成为渍迹的残留物。但是衣物洒上白酒以后仍然会留下一些渍迹，有的甚至还很严重。这是因为白酒当中含有多种氨基酸以及不同类型的糖类，在白酒干涸以后会浓缩在衣物上形成渍迹。如果已经知道某一片渍迹是由白酒造成的，可以使用清水和酒精交替进行溶解，还可以使用去除蛋白质、糖类的去渍剂去除，如SEITZ·Frankosol（黄色）去渍剂及SEITZ·Blutol（红色）去渍剂。

在去渍之前不宜先进行干洗，因为干洗过程中的烘干程序会将一些有机物固着在衣物的面料上，从而成为更难以去除的渍迹。

处理酒类渍迹时，如果是白色棉纺织品可以使用碱性洗涤剂并适当提高洗涤温度进行水洗解决。

11.啤酒渍迹

啤酒洒在衣物上面时，如果仅仅是一小片，经过水洗或在去渍台上使用清水处理之后，大多数会只剩下淡淡的灰黄色色迹；如果是大面积地洒上了啤酒，洒上啤酒的部分就会变得比较硬，颜色也会比较深，在一个明显的范围内可以感到有残留物。这是由于啤酒富含糖类、氨基酸以及多种有机物。水洗能够把表面大多数的有机物去掉，但是仍然需要进行去渍。

去除啤酒的去渍剂可以选用 SEITZ・Frankosol（黄色）去渍剂和 SEITZ・Blutol（红色）去渍剂，也可以用棉签将经过 1：1 清水稀释的双氧水点浸在渍迹处去除。如果是白色或浅色的棉纺织品还可以使用双氧水或彩漂粉洗涤去除。

四、水果、蔬菜、糖果食品类渍迹

1. 单宁渍迹

单宁渍迹来自很多方面。各种水果类的汁水，茶水、咖啡、可乐型饮料，某些酒类，青草以及树木的汁水，皮革类衣物、附件等。沾染在蛋白质纤维纺织品（如丝绒、呢绒、绸缎）上的单宁渍迹较难去除；棉、麻类织物上的陈旧性渍迹也不易彻底清除。去除单宁渍迹时需要先经过润湿，然后使用能够去除鞣酸类渍迹的去渍剂如 SEITZ・Frankosol（黄色）去渍剂和 SEITZ・Cavesol（橙色）去渍剂进行去渍。

含有单宁的渍迹往往在去渍后还会留有一些色迹，可以使用双氧水进行漂除。

2. 蔬菜渍迹

蔬菜渍迹大都含有叶绿素，因其品种不同还会含有其它不同成分。大体上可以分成鞣酸、糖类、植物色素等。比较轻的和新鲜的用清水即可去除，严重的需要进行水洗或在去渍台上处理。如果属于可以使用较高温度的衣物、床单、被罩等，直接使用洗衣粉加彩漂粉洗涤即可。不能水洗或不宜使用高温的衣物可在去渍台使用去渍剂去除。去渍剂可以选用 SEITZ・Frankosol（黄色）去渍剂和 SEITZ・Cavesol（橙色）去渍剂。

刚刚沾染上的蔬菜渍迹还可以使用 5% 的柠檬酸溶液涂拭，也能够比较容易地去除。去除后应把采用的去渍剂清洗干净。较为严重的还可以使用含 1%～3% 柠檬酸的水溶液浸泡。水温控制在 40℃以下，浸泡时间约 30 分钟到 2 小时。浸泡过程中应该进行必要的翻动。

3.水果渍迹

水果渍迹主要指苹果、桃子、梨子、李子、樱桃等各类水果汁水的渍迹。新鲜的水果渍迹可使用5%柠檬酸溶液涂抹，然后使用清水漂洗，大都能够取得较好的效果。已经形成一段时间但比较轻的水果渍迹可以使用含有3%左右氨水、40%酒精、其余是水的混合液处理。严重的或是不宜水洗的衣物则需要去渍处理：选用SEITZ·Frankosol（黄色）去渍剂和SEITZ·Cavesol（橙色）去渍剂。

比较新鲜的水果渍迹还可以使用柠檬酸处理，将柠檬酸溶解成5%左右的水溶液，涂抹在渍迹处，就能去除。较为严重的还可以使用含1%～3%柠檬酸的水溶液浸泡。水温控制在40℃以下，浸泡时间约30分钟到2小时。浸泡过程中应该进行必要的翻动。

一些适宜在较高温度下水洗的衣物还可以采用彩漂粉进行彩漂洗涤，能够比较容易地洗净这类渍迹。

洗涤后残余的植物色素还可以使用双氧水处理去除。

4.浆果类渍迹

浆果类水果主要指草莓、桑葚、葡萄等。这类渍迹比较容易被纺织品吸收，在红、黄色渍迹的周边也可能有一些蓝色的圈迹。干涸的含有较多糖类以及一些果酸。比较新鲜的可以使用5%柠檬酸溶液涂抹，然后水洗或使用清水清除。还可以使用含1%～3%柠檬酸的水溶液浸泡。水温控制在40℃以下，浸泡时间约30分钟到2小时。浸泡过程中应该进行必要的翻动。

一些适宜在较高温度下水洗的衣物还可以采用彩漂粉进行彩漂洗涤，能够比较容易地洗净这类渍迹。如果干洗前去渍，可以使用SEITZ·Frankosol（黄色）去渍剂和SEITZ·Cavesol（橙色）去渍剂。

洗涤后残余的植物色素还可以使用双氧水处理去除。

5.西瓜汁渍迹

西瓜汁是水果渍迹中较为容易去除的渍迹，主要成分是糖类和植物色素。

经过充分水洗之后，使用彩漂粉或双氧水进行氧漂处理，一般都能获得较好的效果。氧漂液中双氧水或彩漂粉的体积分数约在0.5%～1%，使用温度为70～80℃，处理时间为5～10分钟。如果衣物不适宜水洗，干洗前使用去除果汁的去渍剂如SEITZ·Frankosol（黄色）去渍剂和SEITZ·Cavesol（橙色）去渍剂去除即可。比较新鲜的西瓜汁渍迹还可以使用含1%～3%柠檬酸的水溶液浸泡。水温控制在40℃以下，浸泡时间约30分钟到2小时。浸泡过程中应该进行必要的翻动。

6.橘子汁渍迹

橘子汁渍迹中包括糖类、果酸、以维生素C为主的维生素、色素和其它成分等，总体来讲不算太复杂。其中也会有一些鞣酸类物质，因此新鲜的橘子汁要比陈旧的容易去除，经过氧化的橘子汁沾染在蛋白质纤维上成为顽固的渍迹。去除方法与去除西瓜汁的方法类似。如果是白色纺织品还可以使用保险粉进行还原漂白。适宜水洗的家居纺织品或儿童衣物，使用彩漂或双氧水洗涤效果会更好一些。

比较新鲜的橘子汁渍迹还可以使用柠檬酸处理，将柠檬酸溶解成5%左右的水溶液，涂抹在渍迹处，就能去除；也可以使用1%～3%柠檬酸的水溶液浸泡。水温控制在40℃以下，浸泡时间约30分钟到2小时。浸泡过程中应该进行必要的翻动。

7.葡萄汁渍迹

葡萄汁渍迹颜色与其它水果的不大相同，颜色多数是灰白色或淡紫色，很少有黄色或棕色。其鞣酸的含量多一些，去除的难度也大一些。与其它水果渍迹类似，可以使用氧漂处理，一般都能够获得较好的效果。不能水洗的衣物可以先去渍，选择去除果汁的去渍剂如SEITZ·Frankosol（黄色）去渍剂和SEITZ·Cavesol（橙色）去渍剂去除即可，然后干洗。注意：不宜先行干洗，否则去渍时难度会增加。

比较新鲜的葡萄汁渍迹还可以使用柠檬酸处理，将柠檬酸溶解成5%左右的水溶液，涂抹在渍迹处，就能去除；也可以使用含1%～3%柠檬酸的水溶液浸泡。水温控制在40℃以下，浸泡时间约30分钟到2小时。浸泡过程中应该进行必要的翻动。

8.杨梅渍迹

杨梅是我国长江流域的一种水果，为木本多年生。春夏之交成熟，深红色到紫黑色，酸甜可口、汁水丰富，含有丰富的果酸、果糖和维生素。由于其果肉的颜色浓重，沾染到衣物上往往会留下较深的颜色渍迹，呈黄棕色到紫褐色。

去除这种渍迹时仍然可以使用氧漂法。对于不宜水洗的衣物，则使用SEITZ·Frankosol（黄色）去渍剂和SEITZ·Cavesol（橙色）去渍剂去除即可。陈旧性的色素也可以使用双氧水点浸法去除。注意一定要把残药清洗干净。

9.果酱渍迹

果酱的原料是水果，但是其中添加了一些食用纤维素、蔗糖、香料，甚至还有食用色素。这类渍迹沾染到衣物上之后，会结合得比较牢固。干涸的果酱渍迹甚至需要反复去除才能彻底脱落。

去除时需要将渍迹润湿、软化，将表面部分清除掉。然后逐步去除渗入纤维的部分，必要时可以使用蒸汽或热水适当加热。如果需要，还可以从衣物的背面使用喷枪清除。果酱渍迹的颜色往往不大明显，有形物质去掉后基本上大功告成。个别的残余颜色则可以使用SEITZ·Frankosol（黄色）去渍剂和SEITZ·Cavesol（橙色）去渍剂去除。

10.蜂蜜渍迹

蜂蜜渍迹会牢牢粘在衣物表面，陈旧性的还会渗入面料纤维中。从表面看属于黏性渍迹，有时还有板结的硬块。使用指甲刮擦会有白色或浅色区域，嗅一嗅有和水果、糖果渍迹完全不同的味道。

去除时以水溶解为主，可以反复使用清水清洗或使用清水喷枪清除，必要时可以适当加热。不可操之过急，直至将其彻底洗净。蜂蜜渍迹大多数不会留下带有颜色的残渍。如果留有残渍可使用双氧水点浸去除。

11. 糖渍迹、糖浆渍迹

由溶化的糖或糖的浆汁形成的渍迹，比上述果酱或蜂蜜的渍迹更为顽固。表面呈白色或灰色，干燥时渍迹发硬，湿的时候较黏。虽然渍迹本身比较简单，但是往往使用多种方法仍然难以洗净，成为莫名其妙的顽固渍迹。造成这种情况的原因，大多数是没有能够准确识别这类渍迹。糖渍迹或糖浆渍迹沾染在衣物上之后很快就干涸，形成固体糖，而固体糖的溶解速度非常慢。滴入去渍剂片刻后就打掉的去渍方法往往无济于事，于是频频更换去渍剂，反复地使用清水喷枪或蒸汽喷枪处理，结果只见减轻不见完全去除。最后留下了淡淡的灰色渍迹，既不发硬也不发黏，成为莫名其妙的顽固渍迹。

处理这类糖渍迹时要采取清水加机械力的方法。在干燥的时候先用手揉搓一下，然后使用清水处理；使用风枪打干后再揉搓一下，再使用清水处理；数次反复即可彻底清除。这种方法可以用于大多数衣物。如果是真丝衣物则需小心处置，防止跳丝、并丝和脱色。

12. 焦糖渍迹

单纯的焦糖渍迹并不多见，大多含在某些食物当中，如可乐型饮料、酱类调味品、一些焦糖色的食品等。它很容易渗透到面料内部，当含量较多时，表面会有发硬的区域，用指甲刮擦则有发白的痕迹。这类渍迹除比较特别的以外大都是水溶性的，但是需要反复用水浸润，使之逐渐溶解才能彻底去掉。当一些衣物上的渍迹反复使用多种去渍剂仍然不见效时，就要考虑是不是这种渍迹。只要使用清水充分处理就会见效的渍迹，多半是焦糖渍迹。最后的残余黄色可以使用1：1稀释的双氧水点浸去除，也可以使用SEITZ·Frankosol（黄色）去渍剂和SEITZ·Cavesol（橙色）去渍剂去除。

13. 口香糖渍迹

口香糖和香口胶是许多年轻人的最爱，但是吃剩下的胶却是个处处找麻烦的东西。口香糖不论粘到什么地方都是很令人讨厌的，为此有的国家通过立法严禁生产、进口、出售和食用口香糖。由此可见口香糖问题的严重性。粘上口香糖的衣物可以有多种去除方法，选择的原则是要看衣物的面料和结构。

大多数衣物在干洗时，可以很容易将口香糖的大部分洗掉，而剩下粘在面料表面的灰白色残渍需要进行专门的去渍。由于干洗之后胶中的胶性物和脂性物已经溶解掉，仅仅剩下不溶性固体污垢残渍，去除起来比较费事。所以，粘上口香糖的衣物最好不要先进行干洗，可以在洗涤之前先行去渍。首先使用蒸汽喷枪将口香糖污垢加热，使之软化，这时可用手直接取下表面的胶。然后将衣物翻转过来，把有渍迹的一面放在去渍台上或放在能够吸附污渍的干净布片上，使用去除油性污渍的去渍剂，如FORNET去油剂、SEITZ·Lacol（紫色）去渍剂、TarGo等，将其逐渐溶解后使用喷枪去除即可。最后还要使用清水彻底清除残药。

14.牛奶巧克力渍迹

牛奶巧克力是油脂、糖类、蛋白质和天然色素的混合物，和蛋白质纤维有很好的结合力，但与涤纶、锦纶类合成纤维的结合能力稍差。使用中性洗涤剂可以将大部分表面污垢去除。最后剩余的残渍可以使用去渍剂去除，可选择SEITZ·Frankosol（黄色）去渍剂和SEITZ·Blutol（红色）去渍剂。

沾染了牛奶巧克力的衣物最好不要先进行干洗，去渍后不论干洗或水洗都会比较简单、方便。

15.奶油渍迹

蛋糕上的奶油是很容易沾到衣服上面的，尤其是儿童的衣服，常常在吃蛋糕时被涂抹得乱七八糟。其实奶油的成分不是特别复杂，但蛋糕上面的奶油是经过打发的，且加入了一定量的糖。如果没有其它因素，只要仔细水洗有时也能取得很不错的效果。如果放置一段时间或又通过奶油沾染了其它污垢，处置起来就比较麻烦了。能够水洗的衣物先使用去油剂处理一下，然后进行正常水洗。不能水洗的衣物也需要先行去渍然后干洗。如果还有残余的渍迹，则可以使用

SEITZ·Frankosol（黄色）去渍剂和SEITZ·Blutol（红色）去渍剂去除。

16.冰淇淋渍迹

冰淇淋洒在衣服上面是很令人讨厌的，但是它的成分和奶油或冰棒、雪糕是差不多的。其中含有牛奶、糖类、奶油、巧克力以及天然色素。所以去除这类污渍的方法和前面讲述的去除牛奶巧克力、奶油等食物的方法相类似。可以使用SEITZ·Frankosol（黄色）去渍剂和SEITZ·Blutol（红色）去渍剂先行处理去除主要渍迹，然后进行水洗即可。如果是不能水洗的衣物，则需要在干洗前认真去渍，使用上述去渍剂清除干净后，再干洗。

17.水果汁水渍迹

水果汁水因品种不同而异，大多数水果汁水中含有果酸、果糖、微量元素和天然色素等。也有一些水果除含有上述成分以外，还含有鞣质类物质。因此，含有这类成分的水果汁水渍迹就比较难洗涤干净。一般来讲，新鲜的水果汁水比较容易去除，陈旧性的去除起来就会难一些。其中果酸、果糖类成分经水洗就能很容易地去掉。残留下来的主要是色素或鞣质氧化后的颜色。如果是可以水洗的衣物，可以使用彩漂粉进行处理。如果不能水洗，则可以使用SEITZ·Frankosol（黄色）去渍剂和SEITZ·Cavesol（橙色）去渍剂去除。较小的斑点状水果汁水渍迹也可以使用稀释后的双氧水点浸去除。

比较新鲜的水果汁水渍迹还可以使用柠檬酸处理，将柠檬酸溶解成5%左右的水溶液，涂抹在水果汁水渍迹处，就能去除；也可以使用含1%～3%柠檬酸的水溶液浸泡。水温控制在40℃以下，浸泡时间约30分钟到2小时。浸泡过程中应该进行必要的翻动。

18.糖果汁水渍迹

糖果汁水的渍迹是比较容易去除的，但是往往易被其表面现象迷惑住。糖果汁水是黏性的水溶性污垢，干涸以后不大容易溶解，常常出现灰色斑点状渍迹。经过多种去渍剂处理往往还是留有残渍，就容易被认为是不知名的渍迹。其实，在糖果汁水渍迹干燥时用手揉搓一下，就会出现表面的立即变色脱落。但这只是假象，使用清水或冷风后，还会出现。需经过反复处理才能彻底去掉。

19.柿子汤渍迹

北方冬天的柿子是非常好的水果，软软的柿子很受老人和孩子的欢迎。然而柿子的汁水洒在衣物上就会成为大问题。柿子汤有一个非常有意思的现象，刚刚洒上的时候是黄色的，随着时间的延长，颜色就会越来越深，直至变成深棕色。随着这种色迹变深其也会越来越难被洗净。这是由于柿子汤含有一些丹宁类成分，经过空气氧化，颜色就会变深并且牢固地结合在纤维上。所以，不论什么样的衣物沾上柿子汤，最好立即下水洗涤，这时可以比较轻快地洗掉，甚至不必使用洗涤剂。等到柿子汤颜色变深之后，洗涤就会艰难许多。毛巾类的棉纺织品可以使用碱性洗涤剂和较高温度处理，甚至煮沸，就能将柿子汤洗掉。其它衣物只能使用去除鞣质的去渍剂去除，而时间太长的柿子汤往往很难彻底洗涤干净。

20.青绿核桃皮渍迹

青绿色的核桃皮是一种含有特殊汁水的东西。刚刚剥开的青绿核桃皮会泅泅地流出白色汁水，经过空气氧化的汁水颜色逐渐变深，从黄色到棕色。如果沾染到衣物上面，核桃皮渍迹也会由浅变深。由于核桃皮汁水富含丹宁类的鞣质，一旦干涸就会与纤维牢固地结合。所以，沾染了青绿核桃皮汁水的衣物最好立即下水洗涤，停留时间越久，越难洗净。对于蚕丝和羊毛类的蛋白质纤维，核桃皮汁水还有一定的腐蚀性，有可能损伤纤维。

这类渍迹在纤维条件允许的情况下，可以使用较高温度和碱性洗涤剂处理。如果不能水洗，可以使用去除鞣质的去渍剂处理。最后还要使用去锈剂处理残余的黄色渍迹。

21.食物性染料渍迹

食物性染料也作食用染料，高等级的食用染料是从食物中提取的植物色素，如辣椒素红、菠萝素黄等。一般性的食用染料也有一些由合成的低毒染料构成。

这些食用染料的色素与食物本身的天然色素是有一些区别的。在控制含量以内完全是安全的。但是这类染料沾染在衣物上则较天然色素难去除。一般可以先使用肥皂水洗涤，在肥皂水中还可以加入一些酒精和氨水（酒精及氨水含量一般不超过2%～3%）。最后残余的色素还可以使用1：1稀释的双氧水点浸去除。

不适宜水洗的衣物在干洗前可以先行去渍，使用SEITZ·Frankosol（黄色）去渍剂和SEITZ·Cavesol（橙色）去渍剂即可去除。遇到更为顽固的这类色素渍迹时还可以使用SEITZ·Colorsol（棕色）去渍剂去除残余色素。

五、化妆品、药物类渍迹

1.香水渍迹

香水一般是没有较深颜色的，多数情况下，喷洒在衣物上的雾状香水不会留下印迹。但是如果香水以较大的滴状洒在衣物上，并且形成被香水浸湿的区域时，就会出现香水渍迹。香水渍迹多表现为黄色的圈迹，仅仅水洗不能去掉，使用其它洗涤剂往往也不会见效。衣物香水使用的溶剂多数为醇类，所以，去除香水渍迹首先要考虑使用能够溶解使香水在衣物上固化的物质。所以，可以先使用酒精（最好是无水乙醇，或工业酒精）。由于乙醇挥发比较快，需要连续滴入或小剂量的浸泡，然后再使用洗涤剂洗涤。如果还有残渍则可以使用SEITZ·Frankosol（黄色）去渍剂或SEITZ·Cavesol（橙色）去渍剂去除。

2.唇膏渍迹

由于唇膏是涂在嘴唇上面的，所以很容易沾染在衣物上。唇膏属于载体型渍迹，其载体为油脂和蜡。因此去除唇膏渍迹时应遵循去除油脂性污垢的方法。可以使用松节油、溶剂汽油、香蕉水等溶剂先行溶解，然后再使用洗涤剂洗涤；也可以直接使用SEITZ·Lacol（紫色）去渍剂去除；或使用TarGo、FORNET去油剂等去渍剂去除。最后再进行水洗。

不适合水洗的衣物要在干洗前去渍，去渍后将残药清理干净，再进行干洗。

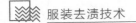

3.指甲油渍迹

指甲油由色素、基质和香料组成。由于指甲油基质大多数使用的是硝化纤维素，所以当指甲油沾染在衣物上时就会形成一片硬性的渍迹斑。去除这种渍迹斑首先是考虑将指甲油的基质溶解，也就是把它的载体破坏，然后再将其它部分去掉。

将衣物翻转，让沾有渍迹的部分朝下，同时垫上一些吸附材料（如干净的废毛巾、布片、卫生纸等）。或是直接将衣物放在去渍台的摇臂上，使用TarGo、SEITZ·Lacol（紫色）去渍剂或FORNET去油剂去除。以上方法使用过程比较长，需要反复溶解和喷除。此外还可以使用有机溶剂直接溶解去除，选用的溶剂是丙酮或硝基稀料，使用方法与前述相同。使用溶剂直接去除的优点是比较快，但是风险大一些。不论哪一种方法去渍后都要将残药彻底除去。

指甲油如果沾染在醋酸纤维面料上，就会使面料溶解或局部溶解，形成无法修复的损伤，也不能使用上述方法去渍。

4.红药水渍迹

红药水是红汞药水的俗称，也曾被称为220药水，用于简单的外伤消毒和治疗。随着创可贴类外伤性药物的普及，红药水的使用率在逐渐降低。红药水和各种化学纤维的结合能力都不是很强，但与天然纤维的结合力还是比较大的。对于红药水也应该先使用清水处理，将浮色清除。根据面料的情况可以选择使用双氧水、彩漂粉等进行氧化漂白。不能承受较高温度的衣物可以在去渍台上使用SEITZ·Colorsol（棕色）去渍剂。如果是白色的棉纺织品或颜色较浅的棉或棉混纺衣物，也可以使用低温、低浓度氯漂的方法。具体操作：每件衣物加入3～5毫升氯漂剂，以15～20倍冷水混合均匀后放入衣物。这种浸漂大约需要2～4小时，开始的时候要时常翻动衣物，以后也可以浸泡在水内不动。注意：每次翻动以后，衣物必须全部没入水中，不可在水面上留有漂浮部分。

5.紫药水渍迹

如果把紫药水沾染在衣物上，要先看是什么样的面料。如果是真丝或纯毛的衣物，去除起来会非常难。因为紫药水中除溶剂以外，主要是龙胆紫，它也是一种染料。这种染料与蛋白质纤维的结合是比较稳定的。被沾染的衣物如果是白色的就比较简单了，可以使用氯漂的办法（适用于棉、麻和化学纤维）。如果衣物是蚕丝制品，也可以采用还原漂白（使用保险粉进行漂除）。

沾染在其它衣物上时，一般先进行水洗，或是在去渍台上先使用清水清理浮色。然后使用SEITZ·Colorsol（棕色）去渍剂进行去渍处理。特别要说明的是，使用上述去渍剂清除色迹的过程一般比较长。滴入药液以后需要等待一段时间，有时甚至需要数十分钟。所以不要急于使用喷枪将去渍剂打掉。然而SEITZ·Colorsol（棕色）去渍剂不适宜在醋酸纤维面料上面使用，也是需要注意的。

6.碘酒渍迹

常常用于皮肤消毒的碘酊（俗称碘酒）是浓重的棕黄色液体。时常会不小心沾染在身体或衣物上。沾染在皮肤上的碘酊经过一段时间后，会因为酒精挥发、碘升华而使碘酒的颜色自然消失。但是沾染在衣物上面的碘酒色迹不会很容易去掉。沾染了碘酊以后可以先使用酒精进行溶解，在去渍台上用冷风打掉，然后进行水洗。如果还有一些痕迹可以使用去除铁锈的去渍剂处理。

如果沾染在白色衣物或颜色比较浅的内衣上，在水洗时加入少量氯漂剂可以很容易地洗涤干净。

7.消毒药水渍迹

在使用消毒药水的时候，大多采取喷洒的办法。因此常常会不小心喷洒在衣物上，于是衣物上就出现了斑点状的渍迹。由于在不同的衣物上会有不同的现象，人们常常以为是沾染上的药水污染了衣物，可以通过洗涤去掉。而实际情况却并不乐观，消毒剂在衣物上的斑点大多数属于咬色，也就是说，衣物上的颜色被消毒药水腐蚀了，衣物上原有的染料部分或全部被破坏了。

次氯酸钠、84消毒液、高锰酸钾、过氧乙酸、双氧水等消毒药水都属于氧化剂，都会对衣物的颜色造成损伤。因此多数衣物受到消毒药水的腐蚀后很难予以恢复。只有白色纺织品或少数颜色较浅的衣物还有可能进行修复和挽救。具体方法是：先使用清水充分清洗，把能够通过水洗净的残药洗涤干净，然后使用洗涤剂进行水洗。如果衣物本身不宜水洗，可先在去渍台上处理残药，然后用清水处理。但是干洗对于这类渍迹基本上是不起作用的。如果蚕丝、羊毛类纺织品沾染了含氯消毒剂，形成的变色或黄色斑点则无法修复了，只能通过清水充分清洗，防止进一步损伤而已。

8.中药汤渍迹

中药汤剂洒在衣服上面之后，最重要的就是及时清洗，存放的时间越长就越难洗净。中药汤剂中大部分是各种植物的浸出物，而且是经过熬煮浓缩之后的浓缩液。其中许多药物中含有鞣酸、丹宁类成分，这些成分和纤维结合后，经过氧气的作用就会比较牢固地固着在衣物上。有试验表明：在30分钟之内进行一般洗涤，中药汤的渍迹可以去除90%以上，而24小时之后再进行一般洗涤只能去除不足50%的渍迹。所以，立即清洗是最佳选择。中药汤剂中绝大多数成分是水溶性的，所以不论沾染时间长短，都应该先进行水洗。残余的渍迹多数以色迹形式表现，它们都是天然色素。经过初步水洗之后，可以选用去除天然色素的过氧化氢处理：使用温度70℃，含1%～2%过氧化氢的热水，拎洗3～5分钟，然后再继续浸泡5～10分钟。

如果是白色纯棉或棉混纺面料衣物，经过初步水洗之后还可以使用含千分之一到千分之二的次氯酸钠冷水浸泡处理，处理时间为1～4小时，然后充分漂洗即可。

如果是不能水洗的衣物沾染了中药汤剂，这种处理过程就要在去渍台上进行。具体程序是：清水处理——去渍（具体方法见下文）——清水清洗残药——干燥。

方法1：使用SEITZ·Frankosol（黄色）去渍剂和SEITZ·Cavesol（橙色）去渍剂，涂抹后静置5分钟，然后使用清水和冷风清理。

方法2：将1∶1经过水稀释的过氧化氢滴在渍迹处，5～10分钟后用风枪打掉，可以重复数次上述操作。但每次必须使用风枪和清水将残药清理干净以后再继续操作。

比较轻的中药汤渍还可以使用柠檬酸处理，将柠檬酸溶解成5%左右的水溶液，涂抹在中药汤渍迹处，就能去除；也可以使用含1% ～ 3%柠檬酸的水溶液浸泡。水温控制在40℃以下，浸泡时间约30分钟到2小时。浸泡过程中应该进行必要的翻动。

9.橡皮膏渍迹

橡皮膏、伤湿止痛膏和类似的外用医用药膏经常会沾在衣物上。使用常规洗涤不能洗涤干净，须在洗涤之前处理或洗涤之后再进行去渍操作。

橡皮膏常沾在内衣上，所以适宜在洗涤前先行去渍。具体操作如下。

① 将橡皮膏的底布揭下来，然后在橡皮膏渍迹的背面涂抹溶剂汽油或香蕉水、松节油等的溶剂，静置片刻后可以使用风枪打掉。这个操作可以重复进行直至渍迹彻底清除干净。

② 使用SEITZ·Purasol（绿色）去渍剂或某专用去油剂（注意：醋酸纤维衣物慎用），也可以使用Krcusslcr·C进行去渍。这几种去渍剂都与水是兼容的，所以比较方便操作。

如果已经经过干洗，此时橡皮膏渍迹处的胶性载体已经溶解，残留物为固体颗粒和一部分色素类渍迹，那么就应以去除水溶性污垢和固体颗粒污垢为主的方法进行去渍。从衣物渍迹的背面使用清水和冷风喷除。

一些含有中药的外用膏药颜色很深，把主要残留物去除之后还会留有黄棕色的色迹，需要使用去除色素类的SEITZ·Colorsol（棕色）去渍剂（醋酸纤维衣物慎用）去除，或者使用过氧化氢去除。

10.中药膏药渍迹

传统的中药膏药多数是黑棕色的，其成分中除中药以外主要是油脂性的载体。它们多数会沾染在内衣、内裤类衣物上，也会沾染在被褥等卧具上面。由于这些衣物多数为浅色全棉纺织品，所以可以比较轻松地进行去渍。

根据具体情况可以有以下几种不同的去渍方法。

① 使用溶剂汽油、香蕉水、松节油等有机溶剂对膏药渍迹进行溶解，如果

渍迹面积较大，可以使用一个较小的容器涮洗，溶剂变色后要更换干净溶剂直至膏药完全溶解。最后再对残余色素进行洗涤。

② 在去渍台上使用SEITZ·Colorsol（棕色）去渍剂或SEITZ·Lacol（紫色）去渍剂进行去渍；也可以使用某专用去油剂去渍。这几种去渍剂都可以与水兼容，所以使用比较方便。注意：醋酸纤维的衣物慎用上述去渍剂。

③ 去渍后还会残余一些膏药的色素，可以使用双氧水去除。

11.凡士林油渍迹

凡士林油是常见的非食用油脂类，可在许多日用品或化妆品中见到。它是石油化工产品，可以被很多有机溶剂溶解。单纯的凡士林油通过干洗就可以去除。而大多数凡士林油往往含有各种其它成分，如金属粉末、色素、药剂等，因此去除这类渍迹时，必须首先考虑与凡士林油混合在一起的成分。含有的金属离子可以在去除油脂后使用去锈剂清除；含有的色素类渍迹可以使用双氧水点浸法去除，或是使用SEITZ·Colorsol（棕色）去渍剂去除。

12.高锰酸钾渍迹

高锰酸钾属于氧化剂，可以用于去除色素类渍迹，高锰酸钾也是很有效的消毒剂。但是使用高锰酸钾之后会留下棕黄色残渍，那是高锰酸钾反应后生成物二氧化锰的颜色，可以使用2%～5%的草酸溶液浸泡去除，也可以使用去锈剂去除。

13.粉底霜渍迹

化妆品中粉底霜、扑面粉类用品种类繁多、色泽各异，它们大多含有氧化锌超细粉。粉底霜渍迹是极为细小的颗粒污渍，为颜料型渍迹的典型代表。沾染在浅色衣物上时，多数不会造成明显的污渍，但在深色衣物上则会形成渍迹。去除这类渍迹时最好先使用清水或在去渍台上使用水枪处理，清除表面的污物；然后将衣物翻转，从背面使用风枪和清水交替清理，大多数都能比较容易地解决。少数这类渍迹含有油脂，可以使用去油剂去除。

14.硝酸银迹

在一些药剂（某些外用药，如眼药水）中会含有硝酸银类银盐。这类药剂形成的渍迹大多数表现为灰色到棕黄色。它属于金属盐类渍迹，其主体是水溶性的。去除这种渍迹时需要先进行润湿，然后使用去锈剂对其施用化学方法处理。如果判断准确，会立竿见影。注意：当情况不明时最好先在背角处试验一下面料的承受能力。最后还要把残余的药剂清洗干净。

15.蛋白银迹

蛋白银迹主要是由蛋白银眼药水沾染的渍迹，多数为不规则的暗棕色涸迹状，周围常常比中心的颜色深一些。去除时可以先使用去除蛋白质的去渍剂，如 Krcusslcr·B、SEITZ·Blutol（红色）去渍剂，然后使用去锈剂去除金属离子。去渍后要把残余药剂清洗干净。

16.滴鼻剂渍迹

滴鼻剂一般有两种剂型：水制剂和油（乳、膏）制剂。其中水制剂大多不会造成衣物的沾染，能够成为沾染渍迹的多是油、膏类制剂。滴鼻剂中多数含有扩张血管的药物，如樟脑油或桉树油，所以会有特殊的气味。一般可以先使用去除油脂的去渍剂去除，不太严重的就会清除干净。较为严重的有可能留下颜色类渍迹，可以使用去除鞣质的去渍剂，如SEITZ·Frankosol（黄色）去渍剂或SEITZ·Cavesol（橙色）去渍剂。

17.药酒渍迹

药酒是中国特有的药物制剂，一般除一定比例的白酒以外，主要成分多是中草药，总体讲，成分比较复杂。其中含有各种氨基酸、多种糖类、天然色素甚至鞣质等。药酒渍迹以黄色或棕黄色居多，极少有油脂性成分。去除时，首先使用清水充分把可以溶解在水中的物质去掉，然后使用SEITZ·Frankosol（黄色）去渍剂或SEITZ·Cavesol（橙色）去渍剂。可以水洗的衣物，也可以在其水洗之后使用1：1稀释的双氧水点浸去除残余色素。去渍后把残余去渍剂清洗干净。

18.鱼肝油渍迹

鱼肝油，专用成分为维生素A，其渍迹为典型的油脂性污渍。由于鱼肝油现在多为胶丸或胶囊剂型，很少会造成沾染。而给儿童服用的滴剂则比较容易沾染在衣物上。初期为淡黄色，时间较长可成为棕色。一般使用去除油性污渍的去渍剂如SEITZ·Lacol（紫色）去渍剂、专用去油剂将其去除。最好在洗涤前去渍。

19.咳嗽糖浆渍迹

咳嗽糖浆渍迹呈棕色，其成分除糖浆以外，还含有多种盐类、鞣质、药剂、植物色素等。干燥后有明显的板结区域。从污垢角度看其全部为水溶性的，所以首选水洗法洗涤。水洗后往往会留有残余的色素，可以使用SEITZ·Colorsol（棕色）去渍剂去除，也可以使用1：1清水稀释后的双氧水点浸去除。如果衣物本身不适宜水洗，可以先进行局部清水处理，而后去渍，最后干洗。

20.胭脂渍迹

胭脂的主要成分是极细的颜料型粉末及少量油脂。沾染在衣物上多表现为表面浮色，一般不容易渗透到面料内部。去除时最好先从衣物的背面开始，使用去渍枪选择清水和冷风交替处理，然后从正面滴入去油剂处理残余的渍迹。由于胭脂的色素不溶于水，所以不适合使用漂色法去渍。衬衫及内衣沾染的大多数胭脂渍迹可以通过水洗去掉，然后进行去渍处理，最后充分水洗。

21.牙膏渍迹

牙膏的主要成分是不溶于水的磨料、表面活性剂、药剂、一些添加成分。残留在衣物上的渍迹以磨料为主，为极细的粉末。沾染在衣物上就会出现白色的区域。去除时最好从背面开始，使用去渍枪交替用水和冷风打掉表面污渍，然后从正面处理残余的渍迹，最后充分水洗即可。

22.发蜡、发膏渍迹

发蜡、发膏类发用化妆品的主要成分为油脂、蜡质、胶质等，是水溶性成分与油性成分的混合物。去除时需要兼顾这两种污渍，适合洗涤前去除。可以使用去油剂进行处理，然后水洗。不适合水洗的衣物也适宜先去除这类渍迹后再进行干洗。

23.染发药水（焗油膏）渍迹

染发药水（焗油膏）渍迹大多沾染在上衣的一些部位，黄棕色到黑色。含有染料、氧化剂以及单宁酸等。在比较新鲜的时候容易去掉，此时立即使用清水和肥皂类洗涤剂，能够取得较好的效果。沾染时间较长的渍迹，由于空气或氧化剂的作用就变得特别顽固了，往往很难去除干净。尤其沾染在真丝或纯毛衣物上的渍迹，最难彻底去除干净。

六、文具、日常用品类渍迹

1.蓝色复写纸渍迹

复写纸的颜色是由染料和以蜡质为主的载体组成的，既能很容易地将颜色通过复写转印到纸面上，也不会轻易污染周围的东西。但是复写纸非常不耐摩擦，一经摩擦很容易把含蜡的颜色转移到别处，而且服装面料是最容易被复写纸污染的。沾染上复写纸的蓝色后最忌揉搓、摩擦，也不要盲目进行干洗或水洗。可以使用 FORNET 去油剂、SEITZ·Lacol（紫色）去渍剂或四氯化碳从衣物的背面进行溶解，衣物的下面要垫上吸附用的布片或卫生纸，用以吸附溶解下来的渍迹；也可以在去渍台上使用冷风枪喷除。白色的衣物经过溶解去除之后，还要使用肥皂水洗涤残余的颜色。

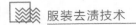

2.蓝色圆珠笔油渍迹

圆珠笔是随处可见的书写用具，质量稍差的圆珠笔会经常冒油。最为烦人的是一支圆珠笔芯的油色全部沾染在口袋里，形成浓重色深的油斑。这时如果处理不当，污染还会四处扩散，甚至衣物整体被蓝色污染得一塌糊涂。

面对这种情况一定要从整体考虑，不可贸然下手。处理这样的沾染时必须不使其扩散，保护原有面料，否则就失掉去渍的意义。大面积的圆珠笔油不适合使用专业去渍剂，一方面成本太高，另一方面去渍过程也过于烦琐。可以使用工业酒精，采用局部洗涤法处理。准备一瓶工业酒精和一个小容积的容器（如小茶杯、小碗等），注入酒精，将沾满圆珠笔油衣物的各部分分开处理。口袋、衣里、面料依次分别浸在酒精内涮洗。这时会有大量蓝色溶解下来，更换干净酒精，重复涮洗的操作。最后可以把圆珠笔油的绝大部分洗掉，只剩下淡淡的蓝色，这时可以使用肥皂水将残余蓝色洗涤干净。如果是衬衫类的衣物则可以使用较高的温度进行机洗。白色衬衫还可以加入适当氯漂剂洗涤。其它衣物的这类色迹还可以使用FORNET去油剂或SEITZ·Colorsol（棕色）去渍剂去掉残余的蓝色。

3.签字笔渍迹

签字笔在衣物上的污渍有两种情况：一种是签字笔墨水直接沾染在衣物上；另一种是在干洗时沾染在衣物上。

装在衣服口袋中的签字笔很容易忘记取出。由于签字笔杆多为塑料制造，在干洗时不能抵御干洗溶剂的侵蚀。干洗后签字笔的墨水就会全部沾染在衣服的口袋里，形成严重的墨水污渍。而这种情况往往又都是干洗之后才能被发现，口袋内外、衣服的前胸都有严重的墨渍。

大多数人在看到这种情况时往往很是后悔，不该如此大意。然而，这只是第一次失误，一不小心还会继续把事情办错。这时若采用常规办法去除这些墨迹，可能会搞得一塌糊涂，使墨渍在面料和衣里各处四散；如果再使用了不当的去渍剂，这些墨渍就去不掉了。怎么办呢？

首先分析一下墨渍的情况：墨渍最重的地方在口袋，其次是衣里和表面。需要由重至轻进行去除：准备一个较小的容器，如小茶杯、大一些的塑料瓶子盖等，首先处理墨渍的发源地——口袋，小茶杯中注入清水，把沾染墨渍的口袋在清水中涮洗，这时就会有许多墨渍溶解下来，将污水倒掉，更换清水，反复操作，直至把墨渍洗涮干净；然后仍然按照这种办法涮洗衣里；最后再涮洗衣物的表面。只要操作得当，所有的墨渍都可以被清洗干净，使衣物完好如初。

干洗后的签字笔墨渍，不适合直接在去渍台上去渍，只能分而制之。更不要将衣物直接下水，否则墨渍就会大面积扩散直至无法挽救。

4.蓝墨水渍迹

蓝墨水通常有两种，一种为纯蓝墨水，另一种是蓝黑墨水。纯蓝墨水比较容易洗涤干净，只要时间不是太久，清水就可以将大部分蓝色洗涤干净。余下的残色使用肥皂水也能洗净。蓝黑墨水远比纯蓝墨水难以去除，刚刚沾染的蓝黑墨水一般比较容易用水洗净，时间稍长，经过空气的氧化作用之后，蓝黑墨水的结合牢度大大加强，就变得顽固起来。但是不管怎样，蓝墨水还是要先用清水充分洗涤，然后再使用洗涤剂（如肥皂、洗衣粉水、中性洗涤剂等）洗涤。最后，残余的淡蓝色和棕黄色渍迹可以使用SEITZ·Colorsol（棕色）去渍剂或草酸去除。

还要说明的是，具体使用方法如下：① SEITZ·Colorsol（棕色）去渍剂在使用之前应该进行试用，少数面料可能不适应，滴入去渍剂之后，需要等待10～30分钟，不可立即用喷枪打掉；② 使用草酸时可以预先准备一些5%～10%的草酸液，滴入草酸液之后不可离开，观察渍迹变化并且要很快将草酸清洗干净。

如果是白色纺织品沾染了蓝墨水，首先也是使用清水清洗，然后使用保险粉进行漂色处理。也可以使用高锰酸钾去除，具体方法是：将千分之一的高锰酸钾溶液涂抹在蓝墨水处，停放一段时间后，使用草酸还原，然后使用清水多次清洗。

5.水性彩色笔渍迹

彩色笔作为小学生和商业宣传的常用文具已经非常普遍。颜色种类繁多，色彩绚丽鲜艳，而且具有粗细和宽窄不同的多种规格，受到各方面的欢迎。但是不小心沾染了衣物就非常令人讨厌了。水性彩色笔的渍迹主要是染料，但其中又可以分成两类，一类是普通染料，另一类是带有荧光的染料。去除彩色笔渍迹时可以有两种选择。如果衣物面料是白色的而且可以水洗的，可以使用氯漂漂除或者使用保险粉进行还原漂白。如果沾染彩色笔渍迹的衣物面料是带有颜色的，去除起来就比较费事。首先使用清水尽最大可能将彩色笔渍迹的表面浮色去掉，使用喷枪时要注意保护面料的组织纹路；然后使用SEITZ·Quickol（蓝色）去渍剂和SEITZ·Colorsol（棕色）去渍剂将残余色迹去掉。

颜色比较浅的衣物还可以在较高的温度下加入碱性洗衣粉洗涤，多数情况下能够将色迹洗净。一些夏季休闲服装也可以采取低温、低浓度的氯漂，使用长时间浸泡的方法去除彩色笔的渍迹。

6.彩色蜡笔渍迹

彩色蜡笔是小孩子的文具或玩具，常常会不小心划在衣物上面形成彩色蜡笔渍迹。由于儿童衣物多由浅色全棉或棉混纺制作，因此沾染蜡笔渍迹之后非常明显。蜡笔渍迹属于油性渍迹，其中蜡质承托着颜色，所以首先考虑将蜡质溶解。可以使用SEITZ·Purasol（绿色）去渍剂去渍，也可以使用四氯化碳进行溶解去渍。因为四氯化碳是有机溶剂且具有较大的挥发性，操作时要迅速、利落。蜡质溶解完全以后再使用去除油性渍迹的去渍剂将残余色迹去除，最后还要经过水洗或漂洗。

7.彩色铅笔渍迹

彩色铅笔是小学生的文具，彩色铅笔渍迹多半会在儿童衣物上出现。沾染情形和彩色蜡笔非常相似。而其成分也和彩色蜡笔相似，只不过蜡质的含量稍为少一些。可以使用SEITZ·Purasol（绿色）去渍剂去渍，也可以使用四氯化碳进行溶解去渍。去渍后要使用肥皂类洗涤剂进行充分水洗。

8.唛头笔渍迹

油性唛头笔又叫作记号笔，通常用来在硬表面进行书写或作记号。这种笔写下的字迹一般情况下不会被擦掉，也不会被雨水冲刷掉。正是因为如此，油性唛头笔的字迹才不容易洗涤干净。

去除这种渍迹时应该先用去除油渍的去渍剂处理，可以选用 FORNET 去油剂或 SEITZ·Lacol（紫色）去渍剂，将带有结合载体的部分去除，然后再使用去除色迹的去渍剂去除残余的色迹。如果渍迹沾染的时间比较短，也可以使用洗涤剂进行水洗。时间太久的黑色唛头笔渍迹会更加不容易去除干净。如果面料的纤维和颜色允许，还可以使用低温、低浓度氯漂处理残余的色迹。

9.办公胶水渍迹

办公室的胶水一般都是水性的，不论沾染到什么样的衣物上面都可以使用水来去除。但是在不同衣物上去除时，需要使用不同的方法。沾染在深色衣物上的胶水最容易去除，只要反复使用清水和冷风交替喷除即可。不过当胶水比较多的时候，不能急于求成，每次只能去除一部分。如果胶水沾染在浅色衣物上，去除胶水之后还要进行水洗或在去渍台上进行局部清洗。

在已经知道某个渍迹是胶水的时候，尽量先去渍再干洗。干洗后的胶水渍迹反而不易简单去掉。

10.墨汁渍迹

墨汁，也就是我国传统书法绘画中使用的墨汁，是很容易沾染到衣服上面的。尤其是中小学生，时常会因为不小心把墨汁弄一身。墨汁的大部分是水溶性的，刚刚沾染的墨汁应该立即下水涮洗，而且要不断更换清水，让衣物上的墨汁尽可能地脱离，防止回染。尤其在墨汁还没有彻底干燥的时候，只需要清水就有可能将墨汁基本上洗涤干净了。如果墨汁已经干燥，它和纤维结合的牢度就会大一些。但是仍然需要先使用清水充分涮洗，将表面的墨尽可能洗掉。当清水中不再有墨色继续溶解下来的时候，才可以使用洗涤剂洗涤。衣服上沾染了墨汁，经过清水的充分处理后，可使用下面方法处理：① 使用米汤或面汤洗涤，实际上是利用含有淀粉的米汤或面汤将墨汁中的碳粉黏附下来；② 将牙膏涂在墨迹处，使用去渍刷摩擦；③ 在墨渍处涂抹肥皂，然后使用刮板慢慢刮除（这种方法只限于白色纺织品）。

由于墨汁中的碳粉极其细小，所以相当多的墨汁残渍不容易彻底去除，却可以在今后的洗涤过程中渐渐消退。注意：墨汁渍迹若使用其它去渍剂，很难有明显的效果，所以轮流使用各种去渍剂是不可取的。氯漂和保险粉也不会对墨汁起作用，所以也无须在此徒劳。

11.红印泥渍迹

红印泥的颜色可以历经千年而不衰，保持夺目的红色，是因为它使用的是矿物颜料。最为考究的印泥使用红珊瑚和红宝石作为颜料。现在的红印泥除极少的伪劣产品以外，也都采用矿物颜料制成。所以当红印泥沾染在衣物上面时，去除起来就比较困难。由于红印泥里除矿物颜料以外还含有多种油脂和其它材料，故有"八宝印泥"之说。

沾染了印泥之后不宜盲目下水洗涤，可以使用去除油渍的去渍剂先进行去油处理。可使用SEITZ•Lacol（紫色）去渍剂，也可以使用FORNET去油剂。去渍方法同一般去渍操作。注意：使用过程中滴入去渍剂后停留片刻，再使用水枪和风枪处理。

最后剩下的一些淡淡红色痕迹是细微的固体颗粒渍迹，需要反复洗涤去除。红印泥渍迹也不适宜干洗后再去渍。

12.复印机碳粉渍迹

复印机使用的碳粉是非常细微的，它们的颗粒度只有几微米。所以，如果这种碳粉沾在衣服上面是比较麻烦的。在一开始的时候不要将沾有碳粉的衣物随意存放，避免相互沾染，使碳粉转移到更多的地方。尽快下水洗涤才是明智之举。黑色的碳粉不是由染料构成的，所以漂白法没有用。能否将这种黑色渍迹去除主要看面料的结构。一般来讲，纺织品结构比较疏松的面料，通过洗涤可以比较容易洗净；而结构紧密的面料一旦沾染了碳粉，去除起来就比较困难。可以充分利用去渍台的喷枪进行处理，交替使用清水和冷风能够去掉大部分碳粉。白色或浅色衣物剩下的残余淡淡黑色，可以涂抹肥皂后用去渍刷或刮板去除，或涂抹牙膏后使用摩擦法去除。

13.万能胶渍迹

万能胶的主要成分为硝化纤维素和溶剂。溶剂成分大多是香蕉水、醋酸乙酯或丙酮。织物沾染万能胶后会有发硬的区域，甚至形成半透明的无色光亮区。去渍时把衣物翻转，从背面使用香蕉水进行溶解。操作时可以在去渍台上进行，注意溶剂溶解需要一定时间，不要立即打掉。也可以在衣物的下面垫上干净的废布或卫生纸类吸附材料，溶解后及时更换，直至溶解干净。不论怎样处理，溶解过程是需要时间的，可能要多次处理才能完全溶解，不能急于求成，要有耐心。

醋酸纤维衣物沾染了万能胶后往往会造成溶洞，不能挽回。更不能使用上述溶剂进行溶解处理。

14.黏合带渍迹

黏合带和以黏合带为基底的不干胶、双面胶、封口胶等随处可见。因此，由这类胶黏剂造成的沾染也逐渐多起来。由于这种渍迹不能立即干涸，所以沾染处会继续沾染一些灰尘污垢。黏合带的渍迹就会显得脏兮兮的。这种渍迹不适宜立即水洗。它可以使用多种有机溶剂溶解处理，如溶剂汽油、香蕉水、四氯乙烯等。处理后再使用洗涤剂洗涤干净。

15.广告色渍迹

广告色渍迹的颜色多种多样，除一般的颜色以外还有带荧光的广告色。它们都是颜料型渍迹，也就是细微的粉末渍迹。广告色渍迹中还含有一些黏合剂，如桃树胶，聚乙烯醇等，其主体是水溶性的。无论什么样的衣物沾染了广告色渍迹都需要先行清水处理，不宜水洗的衣物可以在去渍台上进行清水局部处理，然后再使用洗涤剂进行最后处理，余下的色素可以使用SEITZ·Colorsol（棕色）去渍剂去除。

16. 水彩颜料渍迹

水彩颜料也是学生的必备文具之一，颜色多种多样。其成分与广告色接近，除了发色的细微粉末外还含有一些黏合剂，但大多数都是水溶性的。由于水彩颜料的粉末颗粒度极其细微，沾染到衣物上还是比较顽固的。处理方法是：先用清水把表面浮色去掉，然后使用肥皂水洗涤。如果是不适合水洗的衣物可以在去渍台上处理。总之需要充分地利用清水将尽可能多的水彩颜料去掉，最后再使用SEITZ·Colorsol（棕色）去渍剂去除残余的色素。

17. 红色圆珠笔油渍迹

红色圆珠笔油渍迹与蓝色圆珠笔油渍迹相比是较小概率沾染衣物的。但是这类渍迹去除的时候要比蓝色圆珠笔油渍迹难一些。可以使用去除油渍的去渍剂，如SEITZ·Lacol（紫色）去渍剂或FORNET去油剂。在没有去除干净之前不要干洗。去渍后还不彻底，可以使用酒精皂反复清洗。如果还留有粉红色残色，再使用SEITZ·Colorsol（棕色）去渍剂去除。

如果是白色衣物，在去除大部分红色圆珠笔油以后，可以使用保险粉将残色漂除。

18. 红墨水渍迹

红墨水的主要成分是酸性染料，它具有很好的溶解性能和渗透性能。纸张上面的红墨水字迹抗水性很差，但是纺织品上面的红墨水渍迹往往结合得比较牢固。其在蚕丝或羊毛衣物上的结合牢度还是较大的。它完全是水溶性的，因此，去除时以水洗或局部水洗为主，衣物条件允许时可以使用氯漂、双氧水等氧化剂或保险粉漂除。不能使用整体水洗处理的衣物，可以在去渍台上去渍。经过清水的充分处理后，还可以使用SEITZ·Colorsol（棕色）去渍剂去除残色。

19. 黑墨水渍迹

目前，黑墨水可以分成两种类型，一种是碳素墨水，另一种是由黑色染料制成的墨水。其中碳素墨水的发色成分为细微颗粒粉末，此外加上一些与纸张结合的成分（大多数是油性结合剂）。签字笔的墨水大多属于这一种，用于灌注自来水笔的黑色墨水中注明碳素墨水的也属于这种，未注明碳素墨水的则由黑色染料制成。去除碳素墨水的方法可以简化为"水——去渍剂——水"，即先用清水充分涮洗（注意：不加入洗涤剂），然后使用去除油渍的去渍剂去渍，最后再使用清水洗涤。基本上可以达到较好的去渍效果。

由染料制成的黑墨水与碳素墨水的去除方法有所不同。不论沾染在什么样的衣物上，其都属于合成染料渍迹。首先应充分水洗（不适合水洗的衣物在去渍台上处理），使浮色尽可能从衣物上脱落，然后使用 SEITZ·Colorsol（棕色）去渍剂去除残色。如果是白色衣物，清洗浮色之后可以使用保险粉进行漂除。

20.染料渍迹

染料渍迹是指在洗涤衣物过程中由某件衣物掉色造成的，由染料形成的渍迹。在各种各样的渍迹中，这类渍迹往往是由操作不当造成的。因其情况不同可以分成三类：串色、搭色和洇色。它们形成原因不同，处理方法也不同。其实，更为重要的是保证正确的操作方法，不要造成颜色沾染。

① 串色：多数是由掉色衣物和被沾染衣物共同洗涤造成的，也称作"共浴串染"。这是一种比较均匀的颜色沾染，被沾染的衣物整体都改变了颜色，甚至整件衣服像是被认真染了某种颜色。串色是比较容易去除的，一般可以采用中性洗涤剂高温拎洗剥色的方法洗净。对于织物组织结构较为疏松的衣物效果尤为明显，但是质地致密的面料（如羽绒服面料）效果要差一些。纯棉或涤棉衣物还可以使用低浓度、低温、长时间氯漂处理，也能获得较好的效果。

② 搭色：由被沾染衣物和掉色衣物接触形成的，即"接触沾染"。在浸泡、堆放、洗涤、脱水等情况下，由于接触了掉色衣物，其它衣物沾染了颜色。沾染是局部的，颜色渍迹具有明显的轮廓界限，未沾染的部分能够完全保持原有色泽。之所以造成沾染是因为在有水的情况下，尤其是水中含有洗涤剂的时候，脱落下的染料就转移到其它衣物上。而较浓的洗涤剂、较高的温度以及较长的接触时间则为搭色创造了条件。

去除搭色可以使用 FORNET 中性洗涤剂高温拎洗剥色，也可以使用

SEITZ·Colorsol（棕色）去渍剂去除。而较大面积的搭色去除起来是比较困难的，所以避免搭色更为重要。也就是说，容易掉色的衣物，或是由不同颜色面料制成的衣物，在洗涤时进行分类是非常重要的。而在洗涤的全过程中不要把不同颜色的衣物放在一起堆置、浸泡，避免不必要的接触则更为重要。

③泅色：由不同颜色面料制成的衣物，或面料、里料颜色不同的衣物，或装有不同颜色附件的衣物，在洗涤过程中其中某个部分掉色造成染料沾染，形成的颜色渍迹，也称为"界面泅染"。这类渍迹都发生在拼接的接缝处或附件缝合、安装处，而且在同一件衣物上带有普遍性，都会有相同的泅色发生。而大多数泅色渍迹都会被判"死刑"。只有范围很小的泅色可以通过SEITZ·Colorsol（棕色）去渍剂去除。

泅色渍迹之所以最难去除，是因为在处理时无论哪种去渍剂都会使掉色的部分加重，而不同颜色的面料又紧密相邻。因此，解决这类渍迹的最好办法是将不同颜色面料拆开，分别处理后重新缝合。然而并非所有衣物都可以随意拆开。所以泅色渍迹最不易修复。避免泅色的方法和避免搭色的方法完全一样。所以，防止泅色的发生比去除泅色更有实际意义。

21.黑色鞋油渍迹

黑色鞋油由以蜡为主的基质、溶剂和碳黑组成。由于碳黑的颗粒度极其细微，所以很容易和各种纤维结合，形成顽固的渍迹。刚刚沾染上的鞋油还比较容易去掉，尽管很难去除彻底，但可以洗掉大部分黑色。如果黑色鞋油停留时间较长，就很难去除干净。

遇到黑色鞋油渍迹，首先要考虑使用去除油脂性污渍的去渍剂，如SEITZ·Lacol（紫色）去渍剂、FORNET去油剂，也可以使用松节油、香蕉水、溶剂汽油等有机溶剂。当溶剂和去渍剂将大部分黑色去除之后，还需要使用肥皂水进行水洗。最后还可以使用牙膏类的磨料，用废牙刷摩擦去除残余的黑色。

22.棕色鞋油渍迹

棕色鞋油成分和黑色鞋油成分的区别只是发色颜料粉不同，其它组成基本上一样。去渍时仍然以去除油性渍迹的去渍剂为主，可以选用SEITZ·Lacol（紫色）去渍剂、FORNET去油剂，也可以使用松节油、香蕉水、溶剂汽油等有机溶剂。大部分棕色鞋油渍迹去掉以后，使用洗涤剂洗涤，最后残余的色素则需要使用SEITZ·Colorsol（棕色）去渍剂去除。

23.无色鞋油渍迹

无色鞋油和颜色鞋油差别较大，它不含发色颜料粉，但是一般都含有一些保护皮革质地的成分，以油脂性为主。一般情况下采用干洗可以洗涤干净，但是干洗前应该先使用洗涤剂加水处理一下，将其水溶性部分去掉。如果这类渍迹含有其它污垢，干洗前的水洗或局部水洗处理就更有必要了。

24.夹克油渍迹

使用夹克油时不慎把夹克油沾染在衣物上，形成夹克油渍迹。这类渍迹使用水洗或干洗法都不能有效去除。最好在洗涤前先进行去渍。由于夹克油内含有发色颜料粉、皮革加脂剂、助剂以及一定比例的合成树脂，所以去除时比较麻烦。首先需要把其中的合成树脂溶解，使油脂、颜料粉失去载体，可以选用醋酸丁酯、乙二醇-甲醚或二甲基甲酰胺类有机溶剂；树脂溶解后使用洗涤剂充分洗涤；最后还可以使用SEITZ·Colorsol（棕色）去渍剂去除残色。

25. 502胶渍迹

502胶是非常有用的化工产品，在生活当中常常扮演重要角色。它也很容易挥发或渗出，保管不当就会洒在衣物上，形成一块硬疤，是典型的硬性渍迹。502胶与水完全不相溶，水洗不能去掉，干洗过程也不起作用。502胶的溶剂是丙酮，所以使用丙酮能够将其溶解、洗净。使用丙酮去除502胶的关键是操作，如果操作不当也不可能达到满意的效果。

首先确定沾染了502胶的衣物不含有醋酸纤维，才可以使用丙酮。去渍时最好把衣服翻转到背面，在渍迹下面垫上吸附材料（干净毛巾、布片或卫生纸等），使用滴管将丙酮滴在渍迹周围，由外向内逐步溶解，还可以垫上一层布，轻轻挤压、敲打帮助溶解。然后更换吸附材料重复上面的操作，直至溶解完毕。特别需要指出的是，一定要由外向内使用丙酮，如果开始时就把丙酮滴在中心部位，502胶会逐步扩散，面积越来越大，就很难去除干净了。此外，丙酮有可能对一些面料的颜色有影响，需要在背角处进行试验后再使用。

502胶如果沾在含有醋酸纤维的混纺面料上，去渍后面料会变得比原来薄一些。如果面料是全醋酸纤维纺织品，渍迹处的纤维就会溶解成为破洞，无法修复。

26.动物胶渍迹

动物胶包括猪皮胶、牛皮胶、鱼皮膘以及骨胶等。它们都是由动物原料制成的，以蛋白质为主要成分。一旦形成渍迹，与衣物结合得非常牢固，还带有腥气，干燥后成为硬性渍迹。这类渍迹在去渍时最为关键的是要有耐心。虽然动物胶是水溶性的，但其溶解非常缓慢，需要反复使用清水浸润、清洗。为了尽快使之溶解，可以在渍迹处滴上一些甘油、氨水和酒精，使其逐渐软化后溶解。在去渍过程中，可以适当加热，但温度不可过高。残余的一些渍迹还可以使用去除蛋白质的去渍剂去除，如SEITZ·Frankosol（黄色）去渍剂和SEITZ·Blutol（红色）去渍剂。

27.润滑脂渍迹

润滑脂的主要成分是矿物性油脂以及一些添加成分。未经使用的润滑脂沾染在衣物上时，可以通过干洗或比较简单的去油剂去除。但是绝大多数的润滑脂是使用过的，因此会混入各种不同的成分。其中最多的可能是金属粉末类成分，或其它粉尘类成分。这些粉末类成分大多数极其细微，颗粒度极小，属于非常不易去除干净的渍迹。首先使用去油剂类去渍剂把大部分污渍去除，然后将牙膏涂抹在渍迹处用摩擦法去除。如果是含有金属粉末的残余渍迹，还可以使用去锈剂（如FORNET去锈剂）去除。

28.机油、矿物油渍迹

机油、矿物油渍迹是常见的油性渍迹，但是这类渍迹常常混有一些其它污渍，尤其可能常常混有金属粉末或是铁锈，形成浓重的黑色油泥。这类渍迹和食物类油渍的区别是不含有天然色素，由此形成的颜色污渍不能使用氧化剂或还原剂去除，只能使用去除金属离子的去渍剂。去渍时可以先使用 SEITZ·Lacol（紫色）去渍剂、FORNET去油剂去除油性渍迹，然后再使用去锈剂（如FORNET去锈剂）去除金属离子。去渍完成后还要进行充分水洗。

29.蜡油渍迹

沾上蜡油的衣物会留有一片硬性的干渍迹，如果表面还有明显的蜡，可以用手揉搓除去。如果蜡油渍迹附近没有明显的污垢，则可以直接使用熨斗熨烫去除，熨烫时在渍迹的上面及下面垫上一些吸附性强的干净废布或卫生纸，用以吸附溶化的蜡油。如果衣物本身不太干净，需要洗涤之后再进行处理。

沾上的蜡油还可以使用四氯化碳进行溶解去渍。具体方法是：将衣物翻转，从背面滴入四氯化碳，自四周向中心逐渐溶解，还要使用吸附材料吸附溶解下来的蜡油，并不断更换吸附材料直至彻底溶解干净为止。

30.涂改液渍迹

为了书写文字的清洁、整齐，使用涂改液就成了必备手段。目前使用的涂改液大多是覆盖型的。涂改后的字面上覆盖了一层白色、不透明的薄膜，把写错的文字盖在下面，而这层薄膜仍然可以重新书写。当涂改液沾染了衣物时，就会在衣物上形成一层白色的薄膜，成为涂改液渍迹。其主要成分为硝化纤维素、钛白粉，溶剂为醋酸酯类成分。所以沾染了涂改液后可以使用 SEITZ·Purasol（绿色）去渍剂从背面进行溶解去除。也可以使用醋酸丁酯、香蕉水或四氯化碳类有机溶剂。由于钛白粉极其细微，往往会在衣物上留下一些白色的痕迹，不易彻底清除。

七、油漆、涂料类渍迹

1.沥青渍迹

修筑公路时或屋顶防水工程中要使用沥青。施工中的沥青处在熔化状态时，有可能沾染到人们的衣物上，形成黑褐色的黏性渍迹。沥青有石油沥青和煤焦油沥青两类。在使用时，有的还会加入一些诸如废橡胶类的改性成分。因此，沾染到衣物上的沥青成分还是比较复杂的。沥青渍迹为棕到黑色，有一些发黏，表面及边缘呈不规则状，干涸时发硬。沥青渍迹最好洗涤前去除，可以先使用去除油脂性渍迹的去渍剂，以溶解为主将大部分沥青溶解掉。如可以使用SEITZ·Purasol（绿色）去渍剂、SEITZ·Lacol（紫色）去渍剂、FORNET去油剂等。也可以使用溶剂汽油、松节油或四氯化碳进行溶解去渍，然后再使用去除铁锈的去渍剂去掉残余的棕黄色渍迹。

2.油漆渍迹

衣物沾染上油漆渍迹后就会形成一片板结的硬性渍迹，同时也表现出油漆的不同色泽。如果油漆渍迹还没有彻底干燥，最好使用不伤面料的硬纸片将可以取下的黏稠部分刮掉，然后去渍。如果油漆渍迹已经干涸，需要分三个步骤去除。

① 使用香蕉水或乙酸丁酯、丙酮等溶剂在衣物的背面进行溶解，也可以使用SEITZ·Purasol（绿色）去渍剂、SEITZ·Lacol（紫色）去渍剂或FORNET去油剂去除。注意：渍迹的下面要准备吸附材料以吸附溶解下来的油漆，还要不断更换，直至没有溶解物为止。

② 当油漆的树脂部分完全溶解以后，再使用SEITZ·Colorsol（棕色）去渍剂进一步去渍。每次使用去渍剂之后静置数分钟，然后再分别使用清水和冷风处理。

③ 最后进行水洗，或在去渍台上进行洗涤性处理。

一些纤维或面料的颜色对某些溶剂可能不适宜，所以使用前应该进行试验。

陈旧性的油漆渍迹一般都比较干硬，可以先使用击打去渍刷将干性油漆渍迹打碎，然后再按照前述方法去渍。总之，油漆渍迹的最后残余部分是颜料型的固体色粉，需要耐心去除。

3.清漆渍迹

大多数清漆渍迹都会有一个硬性的区域，颜色要比周围面料深一些。常见的清漆共有三种，即酚醛清漆、醇酸清漆和硝基清漆。沾染到衣物上的清漆一般是不容易分辨的，好在去除方法没有太大的区别。清漆渍迹在去除之前不能使用任何机械力，往往轻轻的揉搓和折弯都会使面料受损。去除清漆渍迹时只能使用有机溶剂进行溶解，所以只要溶剂选择正确，清漆渍迹就能彻底去除。

具体步骤如下。

① 将衣物翻转到背面，下面还要垫上一些吸附材料，如干净的布片、卫生纸等。

② 使用SEITZ·Purasol（绿色）去渍剂、SEITZ·Lacol（紫色）去渍剂或FORNET去油剂去除；或将硝基稀料（醋酸杂戊酯）、丙酮等溶剂滴在渍迹的周围，让溶解下来的清漆被吸附材料吸附；或在去渍台上使用冷风枪喷除。

③ 更换垫在下面的吸附材料，重复前面的操作。直至渍迹完全溶解。

需要注意的事项如下。

① 溶剂挥发性较强，操作过程要利落、准确。

② 滴入溶剂时一定要从周围到中心，否则渍迹范围被扩大，去渍过程也会事倍功半。

③ 面积较大的清漆渍迹需要多次溶解才能去除干净，不可急于求成。

④ 操作场地应该通风、防火，免生意外。

⑤ 含有醋酸纤维的纺织品沾染了硝基油漆或清漆后可能造成溶洞，也不能使用硝基稀料和丙酮去渍。

4.内墙涂料渍迹

传统的内墙涂料都是水溶性的，仅仅使用清水就可以将其洗刷掉。但是近年来对于家庭装饰的要求越来越高，大都使用可以用水进行擦洗、清洁的涂料涂饰室内墙面，从而引发了内墙涂料的革命。目前，大多数内墙涂料都是可以用水擦洗的。虽然做涂饰的时候内墙涂料与水兼容，但是干燥以后就不能被水破坏了。因此如果内墙涂料沾染在衣物上，就成为洗涤的难题。

可擦洗内墙涂料含有经过超声波乳化的树脂类成分，在液体状态下与水是兼容的，一旦干涸，树脂固化，水就不能把树脂溶解。所以，刚刚洒上涂料的时候，应尽快地使用清水冲洗，最好是在污渍的反面用力冲洗，可以达到很好的效果。而涂料一旦干涸、固化，几乎就没有适合的方法可以将其彻底洗涤干净了。

5.虫胶渍迹

虫胶又叫漆片或力士漆片，黄棕色、薄而脆的片状，能够溶于酒精及甲醇，大多用于讲究的家具、乐器等的表面涂饰。沾染到衣物上后其很快就会干燥，形成干燥的硬性渍迹。沾染量比较多的时候不可揉搓，防止面料发生损伤。去除时先将甘油滴在表面使其浸润，然后从背面使用酒精或甲醇进行溶解，操作方法类似于处理油漆的方法。注意：要更换垫在下面的吸附材料。最后胶质彻底溶解后，要使用1：1双氧水点浸以去除残余的色素。

6.打底漆渍迹

打底漆又叫底漆，打底漆种类繁多，不同的漆种有不同的打底漆。与其它油漆相比，其成分中所含的固体物质最多。因此打底漆渍迹中除含有树脂类的基质以外，还含有相当多的细微颗粒粉末，因此难彻底去除。

处理打底漆渍迹的过程或操作都与去除油漆渍迹一样。需要反复进行溶解、吸附，最后还要使用摩擦法去除细微粉末。

7.黄丹漆迹

黄丹漆又叫作防锈漆，大多直接涂饰在金属物体表面。它与金属表面牢固结合形成防锈层。黄丹漆含有一些金属盐类以及一般油漆的成分。因此去除这类渍迹的基本方法与去除油漆的方法大体相同。需要注意的是，黄丹漆有很好的渗透能力，去渍过程要有耐心。最后的金属盐部分必要时还可以使用去除铁锈的去锈剂处理。

8.家具蜡渍迹

家具蜡一般有两种形态：一种为传统的盒装固态蜡，其成分除蜡质以外还有一些使其便于使用的溶剂；另一种是制成液态的乳液蜡。它们都用于家具、乐器、地板等的日常保养维护。使用中大多数固体蜡不会造成衣物的沾染；而液态蜡则容易不当心沾染到衣物上，形成蜡质渍迹。四氯化碳是蜡很好的溶剂，所以可以使用四氯化碳去除这类渍迹。具体操作为：在去渍台上处理，或在沾染部位底下垫好吸附材料，然后从背面滴入四氯化碳逐渐溶解蜡质，直至彻底清除干净，最后再用清水清洗去渍部位即可。大多数的家具蜡不会留下颜色。

9.金粉漆渍迹

金粉漆实际是将金粉兑入清漆配制而成的，而金粉其实是以铜粉为主的配制粉。所以可把金粉漆看作是油漆的一种，只不过其发色粉为金粉而已。因此去除这类渍迹时仍然可以按照去除油漆的方法进行。但最后需要使用去锈剂清除金粉，让金粉与去锈剂发生化学反应，变成水溶性物质脱落。具体操作可以参照油漆、清漆的去除方法。

10.银粉漆渍迹

银粉漆与金粉漆极其相似，差别在于银粉漆内含有的是银粉。而银粉是以铝粉为主的配制粉。其余完全可以参照金粉漆的特性对银粉漆渍迹进行处理。需要注意的是，银粉受到反复摩擦后发黑，增加了去渍的难度。因此去渍时不要使用刮板，也尽量不去刷拭或揉搓。

八、其它类渍迹

1.水迹

水迹是最为常见的渍迹，俗称涸迹、圈迹、水印等。其看起来并非有多么严重，去除起来却并非易事。这是因为水迹的表现彼此差不多，而实际上有许多不同类型。接下来分别介绍这些水迹的特点和处理方法。

（1）漂洗不彻底造成的水迹。这种情况大多发生在水洗棉衣、羽绒服类衣物上。深色衣物的水迹为灰白色，浅色衣物的则为灰黄色。这类衣物的面料虽然非常轻薄，但是很细密。经过洗涤之后，含有洗涤剂的污水不容易漂洗彻底。于是衣物干燥后就在面料表面出现水迹。去除的办法有三种：① 使用经过温水润湿的干净毛巾擦拭水迹部分，这种方法适于最轻的水迹；② 配制含有1.5% ～ 3%冰醋酸的温水，使用喷壶喷涂在水迹处，这种方法适于较轻的水迹；③ 处理较重的水迹时就必须重新使用温水把衣物漂洗数次，最后一次漂洗还要加入20 ～ 30毫升冰醋酸，彻底脱水、晾干。

要想避免这类水迹的发生就要加强漂洗的力度。每次漂洗都要进行脱水，漂洗时最好能够使用温水，效果会好一些。最后一次漂洗一定要加入冰醋酸，可以有效地防止出现水迹。

（2）去渍造成的水迹。这种水迹是不应该出现的。就是说去渍后没有把残余的去渍剂或污渍彻底清除，尤其是干洗后的去渍比较容易出现这种情况。干洗衣物最好在干洗前去渍，就可避免这类水迹的产生。还有一种情况出现在水洗后去渍时，水洗后去渍时如果使用了较多的去渍剂或是使用的去渍剂种类较多，都需要对该衣物重新进行水洗，才能有效防止水迹的产生。

（3）假性水迹。在干洗一些较为厚重的衣物时，尤其是带有涂层的面料，往往洗涤之后在衣物面料缝合处（如袋口、领子、底边等处）出现颜色较深的水迹。由于其并非水洗造成的，仅仅是类似水迹而已，所以又被称作"假性水迹"。这是由服装生产厂家制作服装时，所用胶黏剂在四氯乙烯中溶解后造成的。处理方法：可以使用无水酒精或浓度在99%以上的工业酒精涂刷，晾干后即可。严重的还可以使用无水酒精涂刷后立即放入干洗机重新干洗，亦可使其去除。

（4）丝绸水迹。使用丝绸制作的衣物洗涤后在干燥后过程中不小心沾了水滴、水珠，于是形成水迹，一些丝绸衣物在熨烫前滴上水珠也会出现水迹。这是因为这些衣物使用了柞蚕丝。柞蚕丝面料由于被水浸润时产生不同的光线反射，形成水迹。利用这种特性也可辨别桑蚕丝和柞蚕丝。去除这种水迹非常简单，只要把衣物重新下水、晾干即可。

注意：柞蚕丝的面料只适于干燥熨烫，熨烫前不能沾上任何水珠，否则就会出现水迹。

2.烟熏渍迹

衣物被烟气或一些运输车辆排出的尾气熏了以后，被熏的部位就会发黄。纯棉或真丝衣物长时间暴露也会产生类似熏黄的氧化黄渍迹。一般氧化黄渍迹可以使用双氧水漂除，其体积分数在2%～3%左右，温度应在70～80℃。而烟气熏黄渍迹的淡淡黄色使用氧化剂或者还原剂处理往往不会见效。这是由于熏黄的颜色不是一般性的染料类色素或天然色素，多数含有金属离子。因此可以使用去除铁锈类的去渍剂处理，有时会收到意外的效果，如RustGo、SEITZ·Ferrol去锈剂或FORNET去锈剂。比较轻的使用草酸水也能够去掉。但是一些在火灾时产生的熏黄和一般熏黄有比较明显的差别，使用这种方法不一定有效。

3.烟油渍迹

烟油渍迹是加热或燃烧油脂类产生的污垢，大多数出现在厨房，机械设备或是吸烟的烟斗、烟嘴等处。沾染到衣物上呈黄棕色或灰黄色。这类渍迹的成分包含油脂、碳黑以及一些色素。去除时可以先使用去油剂把油脂去掉，然后使用洗涤剂充分洗涤。最后使用1：1双氧水点浸去除色素。也可以水洗之后直接使用SEITZ·Colorsol（棕色）去渍剂去渍。

4.昆虫渍迹

昆虫渍迹沾染到衣物上面的概率不太大，一旦沾上非常令人讨厌。这种渍迹有两种类型，一种是昆虫的分泌物或昆虫携带的一些污垢；另一种是扑打蚊虫后留在衣物上面的痕迹。这种污渍的总量并不大，但是成分并不简单。其中含有油脂、蛋白质、糖类、色素以及矿物质等。如果沾染在卧具或内衣裤上，可以在较高温度下采用碱性洗涤剂洗涤，大多数会洗涤干净。如果衣物不适宜较高温度水洗，则需顺序使用SEITZ·Lacol（紫色）去渍剂、SEITZ·Blutol（红色）去渍剂、SEITZ·Cavesol（橙色）去渍剂和SEITZ·Frankosol（黄色）去渍剂，最后还要将残余药剂充分洗净。

5.熨烫黄渍和熨烫焦

当熨斗温度过高时，就会出现熨烫黄渍或熨烫焦。由于出现这种情况的纤维不同，状态不同，当然处理方法也就不同。下面分别就具体情况进行分析处理。

（1）棉、麻、黏胶纺织品的熨烫黄渍。棉、麻、黏胶纤维同属于纤维素纤维，受热后的反应非常相似。受到过热后首先是发黄，这种情况是比较浅层次的熨烫黄渍。仅仅处在表面、程度轻的可以通过氧漂处理挽救，可以使用双氧水或彩漂粉处理，还可以辅助以阳光下暴晒（在衣物颜色允许的条件下）。但是较为严重的熨烫黄渍就无法恢复了。

（2）纯毛纺织品的熨烫黄渍。纯毛纺织品的轻微熨烫黄渍，也是可以挽救的，同样仅仅限于程度较轻的情况。可以有两种方案：① 把熨烫黄渍部位用水喷湿，在阳光下晒2～3小时，然后使用硬毛刷子刷拭，就可以恢复；② 使用极细的砂纸（300目以上）轻轻擦拭熨烫黄渍处，然后用水喷湿晒干，再擦拭，再喷湿再晒干，也可以去掉熨烫黄渍。同样，严重的熨烫黄渍就难以恢复了。

（3）真丝纺织品的熨烫黄渍。真丝纺织品的熨烫黄渍是比较难恢复的。由于丝绸纺织品质地轻薄，一旦发生过热往往比较严重，成为不可修复的损伤。极浅层次的熨烫黄渍可以参照纯毛纺织品的方法进行修复。但是由于丝绸纺织品的染色牢度往往较差，尽管倍加小心修复，成功率仍然较低。另一个方法就是采用复染将丝绸衣物改色，这是退而求其次的解决方案。

（4）含有腈纶纤维的纺织品熨烫迹。当前，大量衣物面料含有腈纶纤维，而腈纶纤维的耐热能力较低，远不如棉、羊毛或蚕丝。因此含有腈纶纤维的衣物在熨烫时必须以腈纶的耐热能力为限。当熨斗温度超过腈纶承受限度时，首先的反应就是面料表面发白，但手感还能维持原来的状态。温度继续提高就会产生熨烫焦，面料发硬。含有腈纶纤维的面料一旦过热大多数无法修复。熨烫含有腈纶纤维的面料时可使用的温度在 130℃ 左右，不可大意。

特别轻微的腈纶熨烫迹，可以使用 300 目以上细砂纸摩擦处理，有的可以适当恢复。

（5）涤纶、锦纶纺织品的熨烫焦。涤纶、锦纶纺织品的过热熨烫会直接产生熨烫焦，而且面料发硬。这种情况基本上是无法修复的。严重过热时面料会完全熔化。极轻微的熨烫焦可以使用处理腈纶轻微过热时的方法，使用砂纸修复。但是效果往往不能尽如人意。

6. 霉斑

无论何种衣物都会吸收一定水分，并且达到水分在衣物上的动态平衡。但是当衣物上的水分较多，超出平衡而又持续一定时间时，再加上环境温度适宜，就会产生霉变。相对而言，沾有污垢的衣物比干净的衣物更容易发霉，天然纤维比合成纤维更容易发霉。在我国天气湿热的南方，衣物发霉的情况是经常出现的。防止发霉的最有效方法是彻底干燥。

浅色衣物或家具、卧具类纺织品发霉时，最好使用碱性洗涤剂加热水洗涤，这种方法能够将大多数发霉衣物洗涤干净。如果是白色床单、被里、严重发霉的衣物则需进行去渍处理，可以使用肥皂、酒精和氨水制成混合液，搓洗霉渍处。

外衣产生霉斑时也可以使用肥皂、酒精和氨水的混合液进行去渍处理。

7. 呢绒极光

通常所说的纯毛衣物也就是使用呢绒面料制作的服装。这类呢绒面料衣物经过一段时间穿用后都容易产生呢绒极光，也就是某些部位反光发亮。其共同特点是：精纺呢绒比粗纺呢绒容易出现极光；颜色深的比颜色浅的容易出现极光。所以，深色精纺呢绒是最容易出现极光的面料。

出现极光的最主要原因是摩擦。面料的外露纤毛经过摩擦会脱落，毛纤维鳞片层经过摩擦会变得平滑，都会使呢绒面料表面发生反光现象，形成极光。所以，在衣物穿着过程中容易摩擦的部位就是极光产生的部位，如臀部、膝部、肘部、袋口、口袋盖等处。而汽车司机的背部也会是重点摩擦部位。

其次出现极光的原因是熨烫方法不当，使用熨斗直接熨烫深色精纺呢绒时就会产生极光，尤其熨烫技法不佳，熨斗反复在衣物上摩擦运动时，很容易产生极光。避免产生极光的方法就是减少摩擦。而熨烫时也应该避免熨斗有更多的反复运动。深色精纺呢绒面料衣物则应该使用垫布进行熨烫。

已经产生了极光的衣物，如果情况不太严重可以在洗涤后用含有2%～3%冰醋酸的清水喷涂一下，情况就可以好转。而较为严重的极光则几乎无法恢复。由熨烫不当产生的极光，也可以使用上述方法恢复。

极光是个非常普遍而又很难避免的现象，最好的方法是熨烫深色精纺呢绒时坚持使用垫布。持之以恒必见成效。

8.烟囱水渍迹

在北方的冬天使用煤炉取暖时，都要安装烟囱。燃煤过程中会有冷凝水滴出，由于烟囱冷凝水大多数是酸性的，因此烟囱就会生锈。烟囱水洒在衣物上就生成棕黄色的锈迹。很多人在不经意间都有过被洒上烟囱水的经历。知道了烟囱水生成的原因，就可以选择适合的去渍方法。烟囱水渍迹含有铁锈成分，因此可以使用去除铁锈的去渍剂。去锈的过程比较简捷，完全是化学反应。只要去渍剂使用得当，锈渍就会立即变成可以溶于水的络合物。再经过清水清洗，去渍过程也就完成了。

此外，需要说明的是，有一些毛纺织品面料和皮革制品使用的染料属于金属络合染料，有可能被去锈剂破坏，从而发生脱色现象。另外还有一些深灰色或灰蓝色的黏胶纤维纺织品（如美丽绸、羽纱等），由于使用了金属盐染料也会受到去锈剂的破坏。

9.铁锈渍迹

铁锈是衣物上经常出现的渍迹，在水洗衣物时不小心也会莫名其妙地出现锈渍。简单的、刚刚出现的锈渍是比较容易去除的。可以使用5%草酸水去除，也可以把衣物浸在温水中使用草酸颗粒涂抹锈渍处进行去除。如果锈渍比较陈旧或是经过草酸处理后仍然不能彻底去除时，就必须使用去锈剂处理，如FORNET去锈剂、RustGo或SEITZ·Ferrol去锈剂。由于去锈剂都属于酸性去渍剂，所以使用后一定要彻底清除残余的去渍剂。

含有金属离子的染料不能使用去锈剂，否则会使面料颜色脱色。

10.铜锈渍迹

去除铜锈的情况和去除铁锈的情况是一样的。衣物上沾染铜锈的概率并不是很大，然而一旦有了铜锈往往让人觉得难以去除干净。铜锈也是金属离子型的渍迹，只能使用化学反应将含有铜锈的金属化合物分解，使其变成能够溶解在水中的络合物后脱离衣物面料。RustGo、SEITZ·Ferrol去锈剂或FORNET去锈剂等都可以。去渍以后一定要将残余的去渍剂彻底清除。

11.青草渍迹

在旅游时，青草的汁水很容易沾染到衣服上，尤其是裙边或裤腿处。刚刚沾染的时候，汁水基本上是黄绿色的，时间稍久就会变成黄棕色。个别的植物汁水还可能逐渐变成深棕色。青草、树叶以及各种植物汁水的颜色都是天然色素，其中一些植物汁水中含有鞣酸、丹宁类成分，经过空气中氧的作用会与衣物结合得更加牢固，颜色也会越来越深。所以，沾染了这类渍迹时最好尽快下水洗涤。比较轻的经过碱性洗涤剂的洗涤就能去除干净，较为严重的可以使用氧漂剂、彩漂粉或双氧水类的氧化剂去除。使用温度应在70～80℃，手工拎洗或机洗都可以。也可以使用SEITZ·Frankosol（黄色）去渍剂、SEITZ·Cavesol（橙色）去渍剂去除。

比较新鲜的青草渍迹还可以使用柠檬酸处理，将柠檬酸溶解成5%左右的水溶液，涂抹在青草渍迹处，就能去除。较为严重的还可以使用含1%～3%柠檬酸的水溶液浸泡。水温控制在40℃以下，浸泡时间约30分钟到2小时。浸泡过程中应该进行必要的翻动。

12. 下雨天泥点渍迹

雨天外出的时候，裤子的下部往往会被溅上一些泥点。深色衣物一般不会显得很明显，浅色衣物就会产生重点渍迹，需要仔细进行去渍。泥点渍迹是典型的颜料型渍迹，由细微的固体颗粒组成。这类渍迹中颗粒越大，去除就越容易，反之就比较难。所以，溅上泥点的衣物经过洗涤之后，大多数颜色会变得浅了许多，也就是颗粒较大的已经洗涤掉了，剩下的就是颗粒较小的部分了。其中主要有两种成分，一种是飘尘型的，另一种是研磨下来的金属粉末。它们的直径大多小于5微米，就如同颜料的粉末那么细腻，甚至可以进入纤维内部，所以很难简单去除。

如果溅上泥点的衣物是白色全棉或棉与化纤混纺的，可以先用肥皂涂抹，然后使用刮板细心刮除。带有颜色的衣物不宜使用刮板，可以涂上洗涤剂，在反面使用击打去渍刷敲击去除，而这个过程比较缓慢，需要有耐心。然而，耐人寻味的是，这种泥点渍迹会在今后的多次洗涤过程中逐渐消退。

13. 领口、袖口污迹

领口、袖口是衬衫类衣物的污渍重点处，而这类污渍难彻底洗净也成为洗涤工作的重点。领口、袖口污渍最主要的成分是人体皮脂、汗水和空气飘尘，所以这类污渍都呈现黑色或黄色。一般性的这类污渍在洗涤前涂抹领洁净（衣领净），然后进行洗涤就可以了。使用领洁净的关键是操作过程：① 领洁净的主要成分是碱性蛋白酶，由于蛋白酶价格较高，领洁净中的含量有限，所以适宜直接涂抹在干燥的衣物上；② 蛋白酶需要干燥工作过程，涂抹后需要放置片刻再进行洗涤；③ 使用领洁净时温度稍高一些较好，所以夏季比冬季效果好。

领洁净对于去除不太陈旧的领口、袖口污渍效果相当不错。但是去除陈旧性汗黄渍时则力不从心。去除陈旧性汗黄渍可以使用食盐加氨水的方法。具体操作为：① 在洗净的衬衫领子表面涂上一层薄薄的食盐粉使之逐渐溶解；② 再涂抹经过1∶3清水稀释的氨水，停留片刻，最后充分清洗即可。这种方法适宜纯棉或棉混纺衣物，纯毛或真丝衣物不宜使用。

14.浅色衣物底边黑滞

浅色衣物在穿着过程中要比深色衣物容易玷污，而浅色衣物的里衬底边、袖口内侧等处更是极易沾染污垢。由于沾染过程是由长时间的反复摩擦所致，从而形成比较顽固的黑滞。如果衣物可以水洗，这些问题都可以迎刃而解。对于只能干洗的衣物而言，这类黑滞就成了难点。处理这种问题可有两种选择：① 在干洗前使用去渍刷蘸上干洗助剂（皂液、枧油）刷拭黑滞，然后干洗；② 将FORNET去渍剂滴在黑滞处，再使用去渍刷刷拭，然后进行干洗。